創藝館 001

你寫的小說能賺錢

除了小說寫作技巧以外,你現在更應該知道的是

如何靠小說賺錢的各種方式!

簪花司命 著

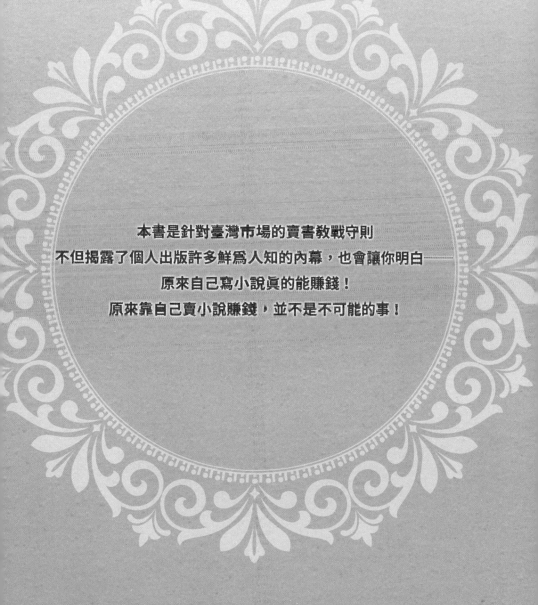

本書是針對臺灣市場的賣書教戰守則
不但揭露了個人出版許多鮮爲人知的內幕，也會讓你明白——
原來自己寫小說眞的能賺錢！
原來靠自己賣小說賺錢，並不是不可能的事！

目錄

目錄

目錄

你寫的小說能賺錢 推薦序

文／倪采青（《過稿力》作者）

自從 2009 年《變身暢銷小說家》出版後，台灣的小說寫作教學書就夯起來了。有許多歐美教學書受譯介進來，不過，有一個區塊是初學者最初可能不會注意到，在出書之路上卻不可或缺的知識——由本土作者寫的出版教戰經驗分享。

如果說練好文筆是打底，商業出版層面就是圓夢的最後一塊拼圖。很高興我們有簪花司命，願意向大眾分享她的經驗。

簪花司命是我所認識特別勤奮努力，勇於嘗試、實驗與冒險的作家。在出版界一片蕭條、作者哀鴻遍野聲中，她是殺出血路的先鋒。今天，她將打滾多年的經驗不藏私寫成《你寫的小說能賺錢》與大家分享，這份真摯實屬難得。

我特別盛讚此書中給予的觀念破譯。很多時候大環境究竟如何並不重要，重要的是我們怎麼想。出書本是一條修心的過程，調整想法能幫助我們更快達到目標。

在我個人的小說出版經驗中，最初我接受了主流的觀念：「要靠小說糊口很難」、「必須非常非常努力」。我確實從中賺到一

些錢，但是過程實在天殺的辛苦，以致於我常跟朋友說：「我花半年時間雕出一本小說，收入還不如花一個小時寫一篇文案。」

是到了某一天，我決定放下過去這些觀念，告訴自己：「從今以後，我只寫讓自己感到開心與熱情的東西。我相信只要這樣做，各個層面的豐盛與喜悅就會自然而來。」

神奇的事就發生了。不出幾個月，我沒有投稿，就有新出版社來找我。事實證明，這間出版社果然是更適合我的，我獲得了更高的報酬與行銷資源，以及更多的喜悅。

這就是出書之路的「祕密」與「吸引力法則」的體現。

《你寫的小說能賺錢》還有一個特色。簪花司命的自費出版經驗是難得的豐富。有志於跳過出版社，直接自費出版的朋友，讀過這本書，可以省下很多自行摸索的功夫。

簪花司命說，此書裡的有些觀念，可能會和我寫的《過稿力》有所抵觸，因此不太確定我會不會願意寫推薦序。我反而覺得這非常好。出版之路人人不同，傳統投稿或自費出版沒有孰優孰劣，重要的是——哪一條才是適合你的呀！

前言：闖出屬於我自己的路

我想，是我的個性使然，加上大環境改變的壓力，才將我逐步推上了這條與眾不同之路。

對於我喜歡、我有興趣的事情，我通常喜歡「自己來」，因為這麼做可以讓我全方面的掌控所有事情，做自己的主人，不需要受到任何束縛。

我是一位娛樂小說作者，二〇〇三年我出版了第一本小說，那時候我才大學三年級，之後寫小說就成為我人生中最執著的一件事，也是我賺錢的管道，而至今我已經用幾個不同的筆名出版了將近一百本小說作品。

我並非頂尖熱賣的作者，當年的賣量成績只能算是平平，沒有特別突出，但我就是找到了我的方式，將寫小說變成了足以維生的正職，就這麼走過十多年光陰。

一開始我走的是傳統出版模式，投稿小說給既有的出版社，賣斷自己的小說版權，純粹領出版社給的固定稿費。那時是臺灣的出版環境因為網路興起而開始往下坡路走的轉折點，出版環境最蓬勃的那一段我無緣參與，卻親身經歷了接下來的一路崩壞。

約二〇一二年時，那時候臺灣的出版環境已經大大崩壞，我

所處的娛樂小說區塊，原本是最願意接受新人投稿，也是新人最容易出書的領域，在那時各相關出版社陸續緊縮出書量，不但不願意再貿然的收新人稿件，有些出版社連原本的舊作者也依賣量高低逐步解除合作關係，只留下一、二線賣量較好的作者。

我是恰恰好履行完舊的合約關係，在尚未簽新約時，覺得苗頭不對，再加上一些突發事件的刺激，便下定決心不再待在原本的舊環境，開始摸索自己出版自己賣的方式。

「寫小說能當飯吃嗎？」從以前到現在，很多人都抱持著這種疑問，但我沒有，我打從一開始就相信寫小說是有機會當飯吃的，所以當年我真的找到了當飯吃的方法，而這正是我和其他沒辦法把寫小說當正職的人最大的差別之處。

然而現在新的疑問來了——「自己賣小說能賺錢嗎？」同樣的，我相信肯定有這條路存在，只是還沒有人有系統的把這一條路的脈絡拼湊出來，因此在二〇一三年時，我便毅然而然走上尋找之路，開始嘗試自己出版小說、自己賣小說，想把那一條成功之路找出來。

我是為了我自己，也是為了其他有類似困境的寫作熱愛者走上這條路，因為臺灣現在的出版環境已經逼得大多數的小說創作者無法再依靠出版社，想出書最終還是只能靠自己。

　　幸好我生來就擁有喜歡「自己來」的特質，我鬥志高昂的逐步摸索自行出版的每一個環節，在摸索的過程中，當然吃了不少虧、受到不少打擊與挫折，甚至一度懷疑自己是不是走錯了路？

　　在經過崎嶇的千迴百轉，在以為我再也無路可走，已經跌到黑暗谷底時，我終於從一片黑暗中發現了一道曙光，讓我闖出了屬於自己的路！我也因此得到很多非常珍貴的第一手實戰經驗，甚至發現很多人擁有各種「錯誤迷思」卻不自知，導致他們沒發現原來很多事情只要換個方式做，結果會變得完全不一樣！

　　這些「錯誤迷思」正是讓一個人在小說創作與出版之路跌跌撞撞，甚至努力了許久卻依舊失敗的關鍵之處，然而目前市面上只有出版教大家如何寫小說的書籍，卻沒有人把這些更重要的問題抓出來，因此為數眾多的創作者都陷在類似的錯誤之處一直轉圈圈、一直失敗，但他們卻始終不知道，自己到底錯在哪裡！

　　而我看到了這些錯誤，我也親身體會過這些錯誤，我深知只要不要再被這些「錯誤迷思」給誤導，很多事情都會變得很不一樣，因此我決定寫下這一本書，幫助大家破解迷思，也幫大家能夠更容易用自己寫的小說賺錢！

　　自己賣小說真的可以賺錢！但我也必須說，賺錢還是分等級的，小賺中賺大賺，就看你要挑戰哪一種等級的，當然越高的等

級挑戰難度也越高，一步一步慢慢來還是比較穩健的做法，免得一下子就給自己太大的壓力。

　　每個行業處於金字塔最頂尖的天之驕子永遠就只有少數的那幾個，我們絕大多數的人就只是一般水準，不過我們不必羨慕嫉妒他們，也不必拚死成為最頂尖的那一小群人，就有辦法自給自足，只要能夠用對方式。

　　而這一本書，就是要將能夠自給自足的方式教給你，讓你可以不再受到錯誤的觀念誤導，而和一開始的我一樣，吃了很多虧，必須一直從錯誤中學習，繳了許多有形無形的學費才明白自己到底錯在哪裡。

　　接下來的實戰經驗與心法很多可能都會顛覆你們原本的想像，而提早知道這些關鍵問題，將錯誤的想法導正，可以讓你在踏上小說出版這條路時，不管是傳統的投稿方式或是個人出版方式，都能少走很多冤枉路，成功的機會也更大。

　　我相信有那一條路存在，所以最後我闖出了屬於我自己的路，因此只要你相信，你同樣有機會闖出屬於自己的那條路！

　　這就是自我實現的力量！你不相信你自己辦得到，你就永遠辦不到，但你只要相信有希望，希望就會在前方的路途上，等著你終於與它相逢！

爲什麼你需要讀這本書？
爲什麼我的經驗對你會有幫助？

其實在小說創作的路上，我是個一切從零開始打基礎的平庸作者，剛開始寫小說時，我連最初級的一三人稱視角亂用的寫作技巧問題都犯過，一連投稿三年，被退稿無數次，好不容易終於遇到一位編輯雖然退我稿，卻在退稿單上清楚指點我寫作技巧的問題所在，我才恍然大悟，當我修正了這個最大的問題點後，我就開始過稿了，因此這位編輯是我寫作之路上的第一位貴人。

但就算過了第一份稿子，之後我的小說寫作之路依然並不順暢，我一直想往上爬卻總是遇到各方面的阻礙，一路辛苦的跌跌撞撞。而因爲我的小說賣量並不突出，一直處於不上不下的尷尬狀況，始終無法成爲出版社一、二線的作者，因此絕大多數一般作者遇到的問題和挫折，我都經歷過。

因爲我不是天才作者，因爲我不是只出幾本書就一炮而紅、扶搖直上的幸運作者，而是從零開始一步步辛苦往上爬，是最典型最一般的作者，所以我的經歷適合絕大多數的小說創作者參考。大多數小說創作者的「痛點」、「盲點」甚至是「錯誤點」我都親身體驗過，非常清楚大家有可能會在哪些關鍵環節點上出

問題卻還不自知。

也因為從寫作到投稿傳統出版社到自己出書這一路上幾乎所有問題我都親身經歷過了，所以我比其他人都更明白這一路上的種種問題在哪裡、關鍵在哪裡，知道了我的經驗之後，會讓你在這一條路少走非常多冤枉路，並且省下非常多摸索吃虧的時間。

更重要的是，我是以「小說作者」的身分走過這一段路，而不是其他類書籍的作者。為什麼這一點很重要？因為不同書籍類型的市場狀況都不一樣，就像「小說」與「小說教學書」雖然都跟小說有關，但市場狀況是截然不同的，因為小說是純娛樂性質書籍，小說教學書則是工具類書籍，一個是拿來娛樂用，一個是拿來學習用，因此兩邊的賣書經驗可以互通的地方非常少。

而且，沒有真的自己去賣過小說的作者，他們的經驗大多與「傳統投稿」和「小說比賽」相關，他們只能告訴你如何用這兩種管道投稿賺錢的方法，然而現在用這兩種管道賺錢的方式是越來越困難了，反倒用其他方式賺錢的機會越來越大。而我會告訴你，這些「其他方式」中，有哪些必須注意的細節存在，因為……通常你會成功或失敗的關鍵之處，就在這些細節裡面！

更更重要的是，我是以「普通小說作者」的身分走這一段路，而不是「暢銷小說作者」的身分，這兩個差別你應該懂吧，暢銷

小說作者的身分不管做什麼事都容易成功，因為他已經是暢銷小說作者了，擁有一般作者沒有的絕對優勢在，所以我以「普通小說作者」闖出來的經驗更適合大家，更符合大家有可能會遇到的狀況，而既然我可以，那就表示你也有機會。

在這本書裡，我會告訴你最符合目前臺灣出版環境的小說出版及賣書策略，讓你可以用現有的各種資源與方法就能阻礙較小的達到出書賺錢的目標。不管你是否已經正式出版過實體小說，不管你的目標是向出版社投稿的傳統方式，或是打算自己出版，你都應該看看這本書，因為這本書雖然主要在講如何自己出版自己賣書，卻還是包含了傳統出版和自行出版這兩種出版方式的優勢與盲點所在，會打破很多你的迷思觀念，會幫助你做出更適合自己的決定。

你寫小說是為了什麼？如果只是為了滿足自己的創作欲望且有人看，那在網路上免費公開就好了，並沒有什麼難度，但如果你是想要有人看也能因此賺到錢，那麼這一本書就是你的「快速入門」書，有了這些相關知識，你才真正碰觸到了靠寫小說賺錢的關鍵之處，也才會比其他小說作者更有機會靠著寫小說賺錢。

因為你懂了他們不懂的關鍵知識，這會讓你的勝算變大，贏過其他不懂這些關鍵的人！

第一章：心態決定一切，
　　　　也是成功最重要的「心法」所在

◎人之所以會成功，
　　是因為擁有「成功的腦袋」◎

你知道有一本書叫做《有錢人想的和你不一樣》嗎？

這是一本暢銷又長銷的書，告訴人們，有錢人和窮人的差別，最根本的原因在於他們的想法截然不同，有錢人的想法導致他們的行動能夠創造財富，而窮人的想法則讓他們始終富不起來。

多年前我第一次看這本書時，對裡頭的好一些論點不以為然，甚至內心是隱隱排斥的，但等過了幾年，我多了不少歷練，因此調整了不少自己的錯誤觀念後，再回過頭來重看這一本書，我赫然發現了一件事。

當年我不以為然的那些論點，我現在竟然認同了！而我認同的原因，是我親身體會到了那些道理，才明白這本書所言不假。

而《有錢人想的和你不一樣》裡有一個很重要的觀念是，一個人想做一件事，是先出現「念頭」，才會去「行動」，但如果他的念頭裡有些想法是錯誤的，他行動出來的結果也會有錯誤，

最後終究會導致失敗。

　　就像你在寫電腦程式，如果你寫入了一個錯誤的指令，跑出來的程式結果就絕對不會是正確的，因此你必須再回過頭去除錯，把錯誤的指令改正。而人腦就是一種「活的電腦」，如果這個「活的電腦」內被植入了不正確的思想程式，可能是家人灌輸的負面信念，也可能是社會灌輸的不正確信念，那麼這個人所做出的決定，也就會出現錯誤之處。

　　而思想信念與心態息息相關，密不可分，所以本書第一件要告訴大家的就是──心態決定一切！

　　心態是成功的根基，也是最重要的心法所在。正確的心態才會迎來成功，錯誤或有問題的心態會成為你前進的阻礙，並帶來不少麻煩，所以調整心態是邁向成功之路的第一重點，非常重要。

　　因此我們第一件要做的事情，不是先學後面介紹的各種賣書技巧，而是要幫自己「換腦袋」，把有問題的想法及信念一一挑出來，並做出調整，不再受到它們的負面影響，就能換成「成功的腦袋」！

　　有了成功的腦袋後，再來學各種輔助技巧，才能夠達到事半功倍的成效，而非事倍功半。

　　既然本書是教你如何賣小說的，接下來我們就來看看，到底

哪些相關信念會阻礙你邁向賣小說的成功之路，而你……總共被多少個錯誤信念束縛住了？

◎自古文人多窮酸？
　快點擺脫這害人千年的觀念！◎

　　我們從小到大的文化薰陶，總是告訴我們文人就是窮酸，最後都是窮困潦倒，就連古代的小說戲劇裡，也常出現窮書生一直考不上科舉，幸好得到千金小姐幫助等等的類似劇情。

　　反正文人就是窮，書生就是窮！

　　這個觀念從古至今，害人不淺，因為自古以來還是有文人混得好的，像唐朝的韓愈因幫人寫墓誌銘大賺而有名，清朝的鄭板橋可以靠賣自己的字畫年收千金，這些都是很有名的例子，但偏偏混不好的人被無限放大，導致我們誤以為「文人就等於窮」，就像商人也分賺錢的和賠錢的，怎麼可能只要是商人就都賺錢？

　　另外古代和現代一樣，大家都只會關注「特別有錢」和「特別窮」的例子，哪家記者會去特別報導在這兩個極端中間那非常龐大的「小康家庭」？不會，因為根本沒有報導價值，所以過得還算不錯的文人們都被忽略掉了。

　　而這種長久以來在文學作品上、在文化傳承上潛移默化的誤導，就會讓我們真的邁向「文人就是窮」的這一條路，想成功也難，因為我們內心深處根本不認為文人可以富有，那怎麼可能富有得起來？

　　所以……你是要當窮酸文人，還是賺錢的文人？

　　如果要當賺錢的文人，就不要再讓「文人多窮酸」的這種負面信念影響你，你要有意識的知道，這個信念是有問題的，文人也分有錢沒錢的，就像商人也分有錢沒錢的一樣，只要你明白它真的有問題，你就能逐漸擺脫掉它在你腦袋裡造成的不良影響，誘使你走向失敗的那一條路。

◎寫小說能當飯吃嗎？
　能不能，完全看你自己◎

　　我想這是最多人會遇到的問題，立志寫小說的人總是會遇到長輩或朋友們問：「寫小說能當飯吃嗎？」

　　那是因為他們身旁沒有成功的例子，所以不相信寫小說可以當正職，但如果他們身旁有成功的例子，他們反而不會這樣問你，甚至會反過來鼓勵你，因為身旁成功的例子讓他們明白，這是有

機會的，並不是完全沒機會。

　　拿我自己當例子，在我唸大學的時候，一剛開始我的父母也不相信寫小說能當飯吃，因此要我去修教育學程，說將來才可以當老師，擁有鐵飯碗。我的做法是不否定他們的建議，甚至真的去修一門教育學程的課，就為讓他們安心，但私底下拚命寫小說投稿，直到我投稿成功的那一刻，一切都變得不一樣了。

　　當我證明了寫小說真的可以當飯吃後，父母就不再阻止我繼續往這一條路走，也不催促我去修教育學程了，他們甚至在家裡幫我闢了一個工作空間，讓我可以安心寫作。而我的親戚們在知道有我這一個成功案例後，聽到別人在寫小說，不但不會質疑寫小說能不能賺錢，反而還會跟別人分享我這一個成功案例。

　　所以寫小說能不能當飯吃，完全看你自己，而不是別人認為可不可以。你如果不相信有機會，你就不會去尋找方法，機會之門也就不會為你開啟，對你來說，「寫小說不能當飯吃」就真的會成為你的事實。

　　而且現在的時代已經和過去很不一樣，出現了許多新的管道與機會，越來越多人能靠寫小說過生活，只要找對了適合自己的方式。你如果還讓這個負面信念限制住你，懷疑寫小說到底能不能當飯吃，你就只能眼睜睜看著越來越多人成功，但成功的那個

人卻始終都不是你。

因為你被其他人的負面信念深深影響，打從心底也不相信寫小說能當飯吃！

◎這世上沒有「不可能」，只有「想不到」◎

或許你要說，成功的人就那一小點點，不可能是我。也或許是你和父母爭辯寫小說到底能不能當飯吃時，父母說成功的人永遠就那幾個而已，不可能會是你，別再作夢了，狠狠刺傷你的心。

但我要告訴你，這個世界上，沒有「不可能」，只有「想不到」。

如果有一天你不小心穿越時空回到古代，告訴古代人以後人類可以在天上飛，古代人不是說不可能，就是認為你是神經病。

但飛機的出現，徹底改變了所有人的認知！在飛機出現之前，眾人想不到自己有一天真的能在天空中飛來飛去，而現在坐著飛機在世界各地到處飛，已經變成大家習以為常的事情，根本不覺得有什麼。

再舉一個比較接近我們這個時代的例子，十年前如果有人告訴你，手機上完全沒有按鍵也能用，你一定說不可能，也完全想

像不出來，在沒有按鍵的狀況下，你到底要怎麼打電話？

　　但當蘋果公司的智慧型手機出現後，完全顛覆了我們的想法，原來手機真的可以沒有按鈕，而蘋果公司就是把「不可能」變成了可能，讓大家完全「想不到」。

　　所以，在寫作的這條路上，你只要相信沒有不可能，只有想不到，這樣的信念就會促使你開始去尋找那「想不到」的關鍵點，最後終究會被你「想到」。而我就是抱持著這樣的信念，才讓我找到了看似不可能的轉機之處，終於發現了一線生機。

　　況且成功也有分大成功和小成功，一般人不需要真的拚到大成功，只要能有小成功就可以過得不錯、過得很有自信，不是嗎？而且你不必一次就把自己的目標定太高到大成功，那壓力及困難度當然很大，從小成功開始起步會容易多，而在你有了小成功的基礎後，再去挑戰中成功、大成功，分階段去挑戰，困難度就沒有一開始那麼高了。

　　以上這幾個大概念，只是最基本的信念與心態問題，但也是最重要的。有了正向的信念之後，接下來我想告訴大家的是，同一個問題，以不同的觀點去看，答案竟然會截然不同！

第二章：只是看事情的角度不一樣，
你我竟活在截然不同的世界

◎你還有半杯水，還是只剩半杯水？◎

　　如果現在你面前有個杯子，杯子內的水位剛好處於一半的位置，你看到之後，你的想法是什麼？

　　是「我只剩半杯水了」，還是「我還有半杯水」？

　　這是很多勵志或思想教育類書籍很喜歡舉的例子，「半杯水」其實是中性的一個事實，並沒有什麼好壞分別，但人們的習慣性思考方式，卻會讓這「半杯水」多了正面或負面的意義。

　　傾向消極負面思考的人，會覺得我「只剩」半杯水，喝完就沒有了，但傾向積極正向思考的人，會覺得我「還有」半杯水，我還可以拿這半杯水做些什麼。

　　這兩種想法帶給人的感覺是截然不同的，一個很沒有希望，另一個則很有希望，對吧？

　　而成功的人和失敗的人，他們在看同樣一件事情時，因為思考的角度不同，導致他們得到的結果也非常的不一樣。

　　成功的人，遇到一個問題擋在他面前，他想的是該如何解

決，他相信會有解決的辦法，然後他真的去尋找解決辦法在哪裡，最後真的被他解決了問題。

失敗的人，遇到一個問題擋在他面前，他想的是遇到問題了，行不通了，然後他很快就放棄了，因此他失敗了。

成功的人，會專注在尋找機會所在，因此他會發現，他的世界處處是機會，然而失敗的人只注意到他周遭的各種阻礙、障礙，最後變成他的世界處處是阻礙。

但其實成功的人和失敗的人他們是活在同一個世界，這一個世界平均分布著許多的機會與阻礙，但因為成功的人專注在尋找機會，因此他發現了自己身旁的各種機會，而失敗的人卻只將自己的目光一直鎖在身邊的各種阻礙上，反而看不到自己身旁的機會。

因此明明都活在同一個世界，成功的人覺得處處是機會，真棒！失敗的人卻覺得這個世界爛透了，沒希望了，這裡簡直是個鬼島！

你想活在一個充滿希望的光島上，還是爛透了的鬼島上？只要你願意，你可以一秒就從鬼島換到了光島上，只要你改變自己看事情的觀點。

接下來，我們就來看看，有些事情換了一個觀點或是立場

看，能夠變得有多麼不一樣？

◎書市崩壞？但還是有辦法賺錢◎

以前出版社的暢銷小說，一賣可以賣幾千、幾萬本，但現在書市崩壞，一部小說能賣個兩、三千本就算暢銷了，對出版社來說，這樣的銷量真的是非常慘淡。

但這是以出版社的角度來看事情，出版社必須要養自家員工，還有公司的水電房租等等各種開銷，一部小說賣個兩、三千本的營業額是真的不夠養活一個出版社，所以出版社一個月必須出好幾本小說，靠著好幾本小說一起賣而撐起來的總銷量，才能勉強打平一個月的種種開銷。

那我們現在換另一個立場看事情吧，自己賣小說，不像出版社有那麼多額外開銷，還得養員工之類的，所以只要你控管好書籍的各種成本，一部小說自己有能耐賣個五百、一千本，所賺到的盈餘就夠讓自己活好幾個月。

不信？我算給你看。如果一本小說定價兩百五十元，一本實體書的成本控制在一百元左右，不經由經銷商及各銷售通路，全都自己照原價賣，假設總共賣出五百本，那你的盈餘是——

$$（250 元 - 100 元） \times 500 本 = 75,000 元$$

　　七萬五千元，是你現在幾個月的薪水？如果有辦法一口氣衝到一千本的賣量，十五萬元夠你活幾個月？

　　你看，你的小說並不需要多暢銷，甚至只要賣五百本，盈餘就可以養自己幾個月，但出版社一個月賣掉好幾千本小說或許還養不活出版社的一大家子，真的就只是賣辛酸的。

　　換個立場思考問題之後，你是不是覺得，自己賣小說似乎比出版社賣小說要幸福多了？

　　就算大環境的景氣不好，還是有不少人在賺錢，只看你有沒有找到順應景氣及潮流的賺錢方式。同樣的道理，就算書市崩壞了，還是有書商在賺錢，他們的賺錢方式就是靠引進國外書市已經超級暢銷的書，靠著這一類賣量超高、起印量可以直接從幾萬冊開始的書來賺取可觀利潤，以確保不會虧錢。

　　更甚者，部分出版商早就開始換個方式繼續賺錢，開拓更多不同的賺錢方式，像手握許多小說版權的出版社，他們就可以把版權賣給其他國家的出版社，不要認為不可能，臺灣本土小說授權給泰國出版社的可不少，出了不少泰文版，只是你不知道而已。

◎臺灣市場小？問題不在市場大或小◎

很多人會說，臺灣的市場很小，相對的發展的空間也小，不比大陸的市場又大又有許多機會，隨便撈都能賺大錢。

同樣的，這是以企業的角度看市場，企業因為組織架構龐大，要養的員工多，當然市場越大，對他們越有利，他們能賺取到足夠利潤的機會也越大。

但自己賣小說，其實是個人事業，一人公司，市場要是太大，你自己一個人反而很容易 hole 不住！

來看一個例子——網拍經濟，在網拍裡很多一人賣家，光臺灣的市場，他們就賣得風風火火，養自己一家子也夠了，要是事業做得大了點，必須多請一個人幫忙分擔工作，還得看多請一人的新開銷有沒有吃掉太多原本的盈餘，如果大半的盈餘都必須拿來多付一個人的薪水，那反而很划不來。

再換個例子——自己家附近的早餐店，早餐店根本不需要多大的市場，它就只需要居住在附近的固定客源每天來買就夠了，根本不需要一整個鄉鎮市區的居民都是它的客戶，況且這麼龐大的客戶量，一個小小的早餐店也完全吃不下。

所以，市場大有市場大的做法，市場小也有市場小的生存

法，重點其實不在市場大或小，而是你如何在你所處的市場中找
到對的方法把事業做起來，不管你所處的市場到底是大是小。

而自己賣小說，一剛開始絕大多數是一人事業，市場小未嘗
不是好事，因為你在自己賣的時候，多多少少都會遇到一些問題
或是突發狀況，需要去處理、去解決，這時候市場小一點，可以
讓你順利累積初步的經驗值，又不會遇到太多超出你能力範圍有
辦法處理的事情，等到有基本經驗打底後，再進一步去想辦法擴
大自己的市場，這樣比較能夠穩健起步。

所以如果別人問我臺灣市場很小，怎麼辦？我會回答：很好
呀，自己一個人就可以掌控全局，有什麼不好的？

當然，如果你有野心想把自己的事業做大，那也很好，在現
在這種時代，只要你有網路，再加上知道如何善用網路無國界的
優勢，自然有辦法把自己的市場擴展到臺灣以外。但如果你的野
心沒那麼大，只想自給自足，市場不需要太大，也就夠你玩了。

◎黃金出版年代已過去？
對作者而言，現在反而是最好時代的開端◎

經歷過黃金出版年代的人，都會感嘆當初美好的時代已經過

去，那時只要實體小說出版，隨隨便便都能賣，書市蓬勃發展，出版社的口袋也賺得滿滿。

然而網路的興起、網路閱讀的盛行，逐步破壞了一切，也破壞了傳統出版的銷售方式，書籍不再隨便都能賣，實體書店甚至越來越沒落，一間間的關起，因為大家都直接上網看書、找書去，根本懶得進實體書店看書買書。

都是網路這個新科技害的！

的確，出版業因為網路這個新科技而受到打擊，經營得越來越辛苦，但凡事都有正反兩面，有弊就有利，對出版社不好的事，對作者未必不好。

為什麼我會說對作者未必不好，這要從「出版食物鏈」的變動說起。過去沒有網路的時候，出版社要賣書，最主要的方式就是透過實體書店接觸潛在讀者，而讀者也在實體書店找書買書，因為除了實體書店，他們也沒有其他地方可以買書！

這導致一種情況發生，作者想出書，只有透過出版社發行，要不然作者是碰觸不到自己的潛在讀者的，而讀者想寫封信給自己崇拜的作者，不經過出版社轉交，信也交不到作者手上。

過去的作者和讀者之間，必須經過重重關卡，才可以間接的彼此接觸，就像這樣——

作者→出版社→實體書店→讀者

　　所以，過去的作者，找到賞識他們作品的出版社很重要，因為出版社掌控了作者與潛在讀者接觸的「命門」所在，如果作者在出版社這一個關卡卡關了，不管怎麼投稿都得不到出版社的青睞，那麼他不但出不了書，甚至連和有可能喜歡自己的潛在讀者接觸的機會都沒有，這對作者來說，是一種很大的致命傷。

　　但網路的出現，卻改變了這種重重關卡的食物鏈模式，實體書店沒落了，出版社的重要性也降低了，讀者可以在網路上找到自己喜歡的書籍訊息，也讓作者可以跳過出版社、實體書店，直接在網路上與自己的讀者相遇，就像這樣——

作者→讀者

　　因為網路的關係，出版食物鏈被重新改寫，出版社和實體書店不再是作者接觸自己潛在讀者的必經之路，轉變成了一種「選擇性」的存在。選擇性的意思是，你透過出版社和實體書店依舊可以增加自己接觸潛在讀者的機會，但如果沒有出版社和實體書店，你還是可以靠著網路的發達，與自己的潛在讀者接觸，甚至

第二章

直接賣書給自己的讀者！

　　除了網路的出現改變了出版社和作者的處境之外，「全球故事荒」現象也替小說作者帶來了許多新的機會，和以往很不一樣。

　　全世界的影視產業，都為了找不到足夠的好故事而苦惱，因為過去的影視產業依靠編劇編故事，但編劇的人數不多，再加上編劇個人的經歷才華故事創意度等種種的限制下，導致產出的劇本精彩度不足，或是特殊性不夠，或是創新度不高，因此有了故事荒的現象出現。

　　於是，影視產業開始把目標轉向網路上百花齊放的各種原創小說，直接從裡頭挖掘值得開發的故事回來讓編劇改編，而嗅到商機的網路小說平臺業者，為了能掌握住海量的原創故事版權，開始釋出各種福利制度給有潛力的原創小說作者們，好吸引更多作者在他們的平臺發表小說，成為他們的故事來源之一。

　　看到這裡，你還會覺得，網路的興起、出版的崩壞，讓現在的小說創作者想出頭越來越難了嗎？

　　現在是最壞的年代，也是最好的時代，就看你用什麼樣的角度切入這個問題，完全只看到缺點的人，那麼現在對他們來說就是「最壞的年代」，但如果是看到可以被我們所用的優點的人，那麼現在對他們來說就會是「最好的時代」。

　　不同的想法，就會促使你做出不同的行動，而最後你得到的結果，也會完全不一樣。

　　在經過前面幾個因為看事情的立場與角度的不同，結論也變得不一樣的觀念洗禮後，接下來我要告訴大家的是，「市場」這個東西看似很玄、很難捉摸，但裡頭的某些細節你要是搞懂了，會讓你少犯很多沒有必要的錯，並少受很多沒有必要的打擊！

第三章：關於「市場」，
有很多問題你沒想明白

◎出版社的市場，不一定是你的市場◎

有些人在投稿階段的時候，可能因為各種原因，很想進某家特定的小說出版社，因此一直投稿同一家出版社，但一直失敗被退稿，這時候如果你上網找「過稿訣竅」之類的資訊，你會得到什麼樣的答案？

你得到的答案會告訴你，先去看那一家出版社出的小說，並且要多看幾本，在知道這家出版社喜歡出哪一種風格的小說後，再寫一個類似風格的新故事，就能增加投稿成功的機率。

這樣的建議對嗎？照著建議去做真的能增加過稿率嗎？我要說，的確是這樣，沒錯。

只不過……你有沒有想過，如果你的寫作功力已有一定水準，確定不是文筆的問題導致你一直被退稿，那就是你原本的故事風格就不適合這家出版社既有的讀者，那你為了過稿刻意改變自己的風格迎合出版社，雖然賺到稿費，但你能賺到讀者嗎？

或許你會想，你先寫出版社喜歡的風格小說，先在出版社卡

到一個出書作者的位置，站穩腳步，等出了幾本書後，和出版社的關係建立牢固後，也有了固定的讀者群後，你再改寫回真正屬於自己風格的小說，這樣你成功的機會就大多了，不是嗎？

然而這正是有問題的地方！

問題就出在這間出版社的讀者屬性，也等於是這間出版社它所擁有的市場屬性，它的讀者就等於它的市場。然而你知道，這間出版社的市場是如何建立起來的嗎？

一剛開始，出版社的讀者數為零，當出版社開始出書，書籍精彩的內容就陸續吸引讀者成為出版社的基本盤，而出版社的第一批讀者群也養起來了。

等出版社站穩基本腳步後，或許想要擴大市場，便開始出一些與一剛開始風格不太一樣的小說，以此來試水溫，但後來出版社發現，還是原本風格的小說讀者群最愛，試水溫的那些其他風格小說銷量都不是很好。

漸漸的，出版社出的書越來越多，聚集的讀者也越來越多，但因為出版社都出類似風格的小說，以確保在自己已經養起的讀者群中能賣出一定的銷量，導致後面陸續吸引來的讀者群也只偏愛某一類的風格，其他新風格他們的接受度並不大。

或許你要問，其他風格的小說就真的沒有讀者群嗎？答案是

有，但已經不在這間出版社的讀者群內，他們或許被另一家專出另一種風格小說的出版社吸引過去了。

　　所以如果你原本的小說風格，就非常適合這間出版社的小說調性，那非常好，你就會在這間出版社如魚得水，寫得很開心，因為這間出版社的讀者群口味就是喜歡你這一味。但如果你一開始為了進來這間出版社，刻意改變自己原本風格，就為了迎合出版社與讀者的喜好，等出了幾本書後才想再換回自己真正的風格，那會發生什麼事？

　　第一件事，是先遇到出版社編輯打你槍，告訴你這本書的風格在他們家不太討喜，但如果你有幸遇到編輯願意讓你出出看，試試市場反應，那你遇到的第二件事很可能就會是——

　　一部分的讀者並不買你的帳，如果一開始你的銷量是兩千本，新風格的銷量可能會變成一千五百本、甚至只有一千本！

　　銷量降低，版稅減少是其次，最重要的一點是，你的自信心會受到強烈打擊！你甚至會自我懷疑，難道自己真正的風格，就真的那麼沒有市場？

　　這個問題的癥結點在於——你一開始就進到不適合自己的市場，而你其實是依附出版社的市場過活，不是你自己的市場！

◎你靠出版社的市場賺錢，
　還是出版社靠你的市場賺錢？◎

　　什麼叫依附出版社的市場過活呢？因為你一開始投稿的目標，就是針對這間出版社擁有的讀者群，你是從「外部」進到這間出版社的市場內，希望市場內的這些讀者願意買你小說的帳。

　　所以你是依賴出版社既有的市場生存，你為了要在這個市場存活，你就必須寫這一個市場喜歡的小說風格，只要一改變風格，與這一個既有市場的屬性不合，那麼你就很容易遭遇失敗。

　　這就是你靠著出版社的市場賺錢，而不是你的市場，因此你必須為了迎合這一個市場而調整自己、委屈自己，到最後就會變得再也不是原本的自己。

　　如果有一天，你不想再待在這間出版社，你能帶走的讀者很有限，你如果再進到第二間出版社，就必須重新適應這間出版社的市場，而這間出版社的讀者屬性可能與原本那間截然不同。

　　就算同樣專打「言情小說」的出版社，不同出版社養出的讀者口味特性都有顯著的不同，有的重劇情豐富度，有的重感情描寫的深度，一位作者在原本重劇情的言小出版社寫作，如果跳槽到另一間重感情的言小出版社，那他勢必要把自己的小說架構從

039

重劇情改成重感情的走向，要不然就沒辦法在第二間過稿，小說也不會賣得好。同樣的道理，以出「輕小說」為主的各家出版社，所出的輕小說走向也不會完全一樣，他們各自養出的讀者口味也不會太一樣。

如果你跳槽到第二間出版社後，發現第二間出版社的屬性和你很合，那麼恭喜你，你終於找到真正適合自己待的地方，但如果屬性和你還是不太合，那麼在第一間出版社發生過的事情，很有可能會重新再來一次。

這就像一個人出去找工作，發現第一間公司和自己不合，不是忍下繼續待著，就是跳槽換到第二間公司去，結果到了第二間公司，發現還是不適合自己，只好再跳槽第三間、第四間公司，直到終於換到適合自己的公司為止。

那除了一直跳槽換市場生存以外，有沒有其他的方式，可以改變這種必須「看出版社市場臉色吃飯」的處境？有，那就是創造自己的市場！

臉書的粉絲專頁就是目前可以拿來創造自己市場的好用工具之一，你只要好好經營你的粉絲專頁，把會喜歡你的小說風格的讀者吸引過來，他們就會變成你的「市場」，等到時機成熟的時候，你就可以從自己的市場內賺到錢。

除了臉書的粉絲專頁以外，網路上還有許多不同形式的社群資源工具可以運用，不一定只有臉書這一個選項，就看哪一種社群資源工具最適合你。

這就是現在各出版社轉而尋找網路上的「網紅」出書的原因，因為網紅他們已經累積了幾萬甚至幾十萬的粉絲，粉絲數量有多大，就代表網紅自己的市場有多大，這正是出版社覺得有利可圖之處。

出版社覺得，只要賣書給網紅的眾多粉絲們，銷量就夠了，不但不容易賠錢，賺錢的機會也大多了，比替一個沒有名氣的作家出書風險要低得多，所以出版社們趨之若鶩，到處搶網紅出書。

這個時候，就變成出版社在靠網紅的市場賺錢，而不是靠自己舊有的市場！

網路改變的另一個出版生態就在這裡，以前是大多數的作者必須靠出版社的市場賺錢，現在則有可能反過來變成出版社要靠網紅作者的市場賺錢，就看哪一邊的市場變現能力比較強。

所以現在你只要能夠「自帶市場」，自己養出自己的讀者群，你就擁有屬於自己的優勢所在，不但可以直接賣書給自己的市場讀者，出版社也可能反過來主動邀請你在他們出版社出書，這時候就看你想不想給出版社出書了。

在舊的出版結構已經崩壞、改變的這個時代，善用網路的正面優勢，自己創造自己的市場，是很重要的一件事，也是能加速自己成功的關鍵所在！

◎冷門題材沒有市場？你確定？◎

或許你要問，我的小說是冷門題材，根本沒市場，怎麼辦？

我們先來搞清楚問題在哪裡，你之所以會覺得你寫的小說是冷門題材，原因在哪裡？是出版社曾經告訴你，你寫的小說題材很冷門，沒有市場？還是你曾經想找出版社投稿，卻發現幾乎沒有出版社收這一類的小說稿件？

如果是這兩個原因的其中之一，導致你覺得自己的小說冷門沒有市場，那問題的癥結點可能是一樣的，就是你的小說題材，市場沒有大到可以讓出版社養自己及員工，所以出版社認為你的小說題材冷門沒有市場。

還記不記得前一章我曾說過的觀點及立場轉換概念？或許你的小說題材市場的確不大，養不起一間出版社，但如果變成只養你自己的話，或許還綽綽有餘！

那如果你又要說，我寫的小說題材是真的非常之冷門，在現

有的市場裡真的看不到，已經與市場大或小沒有關係，而是真的連市場在哪裡都看不到，完全是零，那又該怎麼辦？

然而這世上萬事萬物，哪一樣不是從零開始的？就算沒有市場，我們也可以自己創造出新的市場，讓市場從無變成有！

這裡我想舉一個例子——古風歌曲市場。古風歌是一種比「中國風歌曲」更古典雅致的小眾音樂類型，適合搭配古裝劇或是古裝遊戲，目前在網路上傳播最多，還很難在電視的各種音樂節目上出現。

因為我喜歡寫古裝背景的小說，我喜歡在寫小說時聽相關的音樂，十年前的時候只有「中國風歌曲」勉強能符合我的喜好，但流行歌曲內的中國風曲目非常少，久久才能發現某歌手的新專輯內終於有收錄一首中國風歌曲，這讓我覺得非常不足，我便開始在網路上尋找，想找到其他符合我喜好的歌曲。

就因為這樣，我發現原來有「古風歌」這一個小小眾在網路的某一角聚集，十年前的古風歌圈子很小、很生嫩，他們大多是拿既有的中國風古典配樂填上詞，請網路素人歌手演唱，就完成了一首翻唱曲。

那時候古風歌圈子的歌曲水準不高，純粹就是業餘好玩的，但這已經讓我很滿足很感動，我終於在音樂這一塊找到一個新興

之地，滿足了過去我一直渴求卻找不到的小眾渴望。

　　然而因為網路無遠弗屆的力量，越來越多喜愛古風歌的隱性群眾找到了這裡，古風歌圈子開始壯大起來，也因此出現了不少優秀的業餘作曲人，他們開始創作原創古風曲目，而原創曲目的水準，也從一開始的尚待加強，迅速成長到專業境地，成熟度之高、水準之好，已和正規的流行音樂品質沒什麼兩樣。

　　大約五年前，古風歌圈子已經出現一批最早冒出頭的網路歌手群，他們或是自己賣、或是組一個小團隊賣古風歌實體音樂CD，直接賣給他們這些年累積下來的粉絲群，而且賣得還不差。

　　古風歌曲市場就是一個例子，讓我親眼見證了一個新興市場從無到有、從小到大的歷程，而這個市場之所以能出現，完全是因為網路的興起！

　　網路激發了許多本以為沒有市場的小眾市場出現，而分散在各地的小眾們，靠著網路終於可以打破時空限制凝聚在一起，等到凝聚的人數夠多之後，就會成為有潛力的市場，不容小覷。

　　你覺得只有你一個人會喜歡自己風格的小說，再也找不到第二個人喜歡了嗎？如果你的答案是否定的，如果你相信除了自己之外，一定有其他人也會喜歡你的小說，那麼靠著網路，你就有機會找到這一群隱性讀者，進而建立起只屬於自己的小眾市場！

◎主流市場口味一直都在變，如何解？◎

　　如果你要說，你喜歡寫的小說類型有很多種，很多你都愛寫，甚至現在流行什麼樣的小說類型，你就跑去寫那一類的小說類型，因為最容易混到飯吃，也最容易累積讀者群，這樣做到底對不對？

　　我想，這個問題就沒有絕對的答案，就看個人如何選擇了。

　　過去的大眾小說市場，流行過武俠小說、玄幻小說、單本結束的言情小說、恐怖驚悚小說等等，現在則流行長篇原創言情小說、動漫感濃厚的輕小說等等，每過一段時間，主流市場的口味就會有變動，可以說是變幻莫測。

　　而每個小說作者的個性都不一樣，有人就只鍾情於某一種小說類型，要他去寫其他類型的小說，簡直就是要他的命，而有些小說作者本身的閱讀口味就比較廣泛，各種類型的小說都想嘗試，也是很正常的事。

　　對於只鍾情某一種小說類型、不想跟著市場口味走的作者，狀況簡單多了，你就在你的小說市場內努力耕耘作品、努力累積專屬於自己的讀者群，等將來你要出書的時候，不管是自己出還是交由出版社出，這群你自己養出的讀者群，就會成為你賣書的

基本盤。

　　況且誰知道，或許幾年之後，反倒變成你鍾情的這一種小說類型變成了主流？如果真是這樣，恭喜你，早在這一個區塊深耕的你早已擁有一定優勢，被主流的力量一推，或許瞬間就變成熱賣作者也不一定！

　　如果你是很多類型小說都想寫的作者，一剛開始的確可以多方嘗試，因為在你真正去接觸後，你才會知道，哪一種類型的小說你寫得最順手，也能得到許多讀者的熱烈回應，那或許正是最適合你深耕的領域。

　　但如果你四處跟風，每種類型的小說都寫，一直變換不定，這會有些問題出現，除了四處跟風是一件很累人的事以外，你每換一種風格或類型，讀者群就必須重新打底，除了一部分不管你寫什麼都買單的死忠鐵粉群以外。

　　如果你有心力經營一個以上的風格，那當然還是可以試試看，挑選一、兩個你最拿手的類型來經營，量力而為，不要什麼都想拿，最後反而容易什麼都沒拿到，蠟燭多頭燒，卻個個都是一場空。

　　而沒有心力經營那麼多風格的人，做自己就好，把屬於自己的風格做到最極致，就會變成你和其他作者與眾不同之處。

　　因為現在是「個人魅力」的時代，把自己最獨特的一面展現出來，才能在百花齊放的市場中脫穎而出，讓別人印象深刻，就像現在網路上的網紅，哪一個不是因為擁有自己的特色而紅的？所以與其隨波逐流，倒不如把自己的特色發揮到極致，也才不容易被其他同類型的作者淹沒或取代。

　　而現在也是「個人品牌」的時代，請好好的經營自己，讓自己就成為一個品牌、一個從一開始就擁有自己專屬市場的作者，那麼將來不管你寫的是大眾還是小眾的小說，不管是要自己出書，還是讓出版社幫你出書，你的優勢都會比別人強，也比別人更容易成功！

　　關於「市場」的大哉問，就在這裡告一個段落，而接下來我們要先進入「傳統出版」的領域，這部分要讓大家知道，如果你選擇走傳統出版這一條路，要注意的地方在哪裡，而傳統出版的優劣之處，你也必須有基本的認識。

第四章：傳統出版方式
對作者的優勢與不利處

在過去小說創作者如果想要出書的話，大致上會有兩種選擇，一種就是搜尋市面上有在出小說的出版社，如果出版社表明有在收稿，作者就能投稿試看看，要不然就是參加各種相關機構舉辦的小說徵文比賽，希望能靠著在比賽中拿到名次，進而得到出書的機會。

以前這兩種方式很盛行，但因為書市萎縮，現在不但已經有許多出版社不再出書了，還在出書的那些出版社，也有一部分表面上還是有收稿資訊，但其實已經不收純新人的稿件，只收從其他出版社跳槽過來的作者，真的還願意收新人稿件的出版社越來越少了。

而小說徵文比賽，這裡指的是娛樂類小說的徵文比賽（例如輕小說、奇幻小說），文學獎比賽不在本書的討論範圍內。這一類的徵文比賽有已經停辦的，也有新的主辦單位出現，但獎金高低落差很大，獎金越高的競爭也越大，這一類比賽適合已有一定寫作功力的小說創作者，並且要懂得抓主辦單位喜好的小說風格，才容易得獎。

以下分別介紹這兩種出版方式，對小說作者的優勢與不利之處，讓大家做選擇的參考。

◎投稿傳統出版社◎

如果你想投稿傳統出版社，除了要注意這間出版社出的小說屬性適不適合你以外，另外一個重點就是這間出版社給作者的版稅制度到底是哪一種，畢竟我們投稿就是為了要賺錢，不是嗎？

不同的版稅制度，影響到你能拿到多少錢、什麼時候能夠拿到，所以非常重要，一定要仔細評估。

買斷制

第一種買斷制，指的是出版社用固定的一筆稿費，買斷你的小說版權，有的是只買斷幾年的出版權，合約期限到了版權就回歸作者，有的是永遠買斷與這本小說相關的所有版權（包含影劇改編權等等）。這兩種方式，當然是只買斷一定年限的方式對作者最有利，另一個非常不利作者累積自己的創作資產，因為你辛苦寫出來的小說資產只要一賣斷後，版權就永遠是出版社的，再

也不是你的，除非你之後另外再花錢把版權買回來。

　　這一類的買斷制，小說出版之後，不管出版社賺或賠，都與作者無關，所以賠了你不必吐出已經領到的稿費，當然賺了出版社也不會多給你稿費，狀況比較單純。而買斷的價碼，一本實字數七萬左右的小說，在過去書市最輝煌的全盛時期，新人的買斷價可以高達五萬臺幣，但近幾年已經剩兩到三萬，甚至聽說有些出版社開出的價錢已經連兩萬都不到。

　　這一類買斷制的出版社，有些是過稿簽約後，約一個月就可以領到稿費，有些是小說正式出版後才會領到稿費，情況不一，每個出版社的狀況都不太一樣。

版稅制

　　第二種版稅制，就是看書籍的定價多少，出版社依書籍的定價給作者固定比例的版稅金額，目前的版稅稅率約在百分之六到百分之十，當然更高的也有，但那是非常有名的作家才有可能談到更高的版稅率。對一般作者來說，如果一本小說定價兩百五十元，那麼百分之十的版稅就是二十五元，這代表出版社每賣出一本小說，就會給作者二十五元的版稅。

這種版稅制，就是看書賣多少，作者就領多少本書的版稅，所以賣得少，作者就領得少，賣得多作者就領得多。那麼我們現在就來算算，小說作者如果遇到版稅制的出版社，出一本書大概可以領多少錢吧——

25 元 × 100 本 = 2,500 元
25 元 × 500 本 = 12,500 元
25 元 × 1,000 本 = 25,000 元
25 元 × 1,500 本 = 37,500 元
25 元 × 2,000 本 = 50,000 元

發現了嗎，如果你的小說賣不了至少一千本，直接賣斷賺得可能還比較多，要用領版稅的方式賺錢，至少要賣超過一千本以上，得到的版稅總額度才會比較大。

但領版稅的話，出版社大概都是每半年結算一次你的書賣了幾本，才會給你這半年賣書的版稅，所以你如果急著用錢，版稅很可能緩不濟急。

第四章

其他奇怪的合約制度

除了上述兩種最傳統的稿費制度以外，如果你遇到其他有些奇怪的合約制度，尤其是要你還得自己掏一部分的錢才能出書的，這種千萬要慎重考慮，畢竟你選擇投稿這一條路，目的之一就是希望不必自己出錢就能出版小說呀，如果到了最後還得自己出錢，那為什麼不乾脆就自費出版算了？

如果你就是圖一個可以經由其他出版社出書的名譽，寧願花點錢也要出書，好賺到這一個名譽，如果你覺得這麼做值得，那麼當然還是以你自己的想法為主，沒有什麼絕對的對或錯。

編輯與龐大的購買讀者是優勢

而傳統出版社目前的最大優勢在哪裡？其實就是「編輯」以及出版社多年來養出的「龐大購買讀者」。好的編輯可以讓小說作者的作品更上一層樓，作者也可以從編輯的修稿建議中快速提升自己的小說寫作技巧能力，在過去小說寫作相關知識還很不普及時，編輯真的是作者最好的寫作指導教練，比自己埋頭苦寫要有用且快速非常之多。

　　我自己就是在不斷寫稿修稿的磨練當中，得到許多出版社編輯的提點，才能迅速提升自己的小說寫作技巧，所以我一直覺得我一路上遇到的眾多編輯都是我的貴人。不過也是有作者因為遇到與自己非常不合的編輯，在彼此的衝突碰撞中，反而讓作者不想再寫下去，因此放棄小說之路，這一點也是必須注意的。

　　而傳統出版社的另一個優勢，就是他們多年以來累積下的龐大購買讀者群，這也是對作者最有利的部分，只要靠著出版社的讀者市場，就算作者不自己去開拓讀者群，也一定能賣出一部分的小說，至於賣得好或差，就看作者的小說屬性是不是適合這一個出版社專屬的讀者群了。

　　所以，以目前來說，越大的老牌出版社，的確還是有相當大的賣書優勢在，因為他們的「底子」夠厚，既有的死忠購買讀者群夠多，已經建立好的賣書管道夠廣闊，比其他小出版社要更容易繼續生存下去。

　　然而這裡的優勢也有一個隱憂存在，就是舊的讀者群會逐漸退出，如果新進來的讀者群小於陸續退出的舊讀者群，那麼這個出版社的總體銷售量就會處於逐步萎縮的狀態，這是需要注意的地方。

　　但如果你發現，你投稿的出版社讀者群小到一部小說都賣不

到五百本，那麼你就要考慮還要不要繼續待在這間出版社了，因為在這樣的情況下，你如果自己賣，或許賺回來的利潤會比純粹領出版社的稿費要高，後續的章節我會直接算給你看，你就會明白我為什麼會這樣建議你。

另外，在較有名的傳統出版社出小說，如果賣得好，也是會比其他人較有機會賣出海外出版的版權，這就是另一筆額外的收入，這部分也是個人出版比較沒有辦法做到的事情。

◎參加各種小說徵文比賽◎

參加小說徵文比賽，也是另一種有機會出版實體小說的路途，一般這一類的徵文比賽，除了比賽獎金以外，也會附上實體書出版合約。這一類的比賽，因為獎金高，所以得獎的出版合約大都會採取「版權永遠買斷制」，也就是你得獎了，你領到獎金了，但你這部小說的所有版權也就永遠在比賽的主辦方手上了。

這個時候，你就要自己有所取捨，如果得獎的獎金有幾十萬到一百萬，那麼賣斷的確值得，因為你靠其他方式出版，也很難拿到這麼高的版稅。如果得獎的獎金只有少少的兩、三萬元，甚至只有幾千元，連一萬塊都不到，你就要考慮要不要拿這個獎了，

因為你靠其他方式出版，甚至自己出版自己賣，也能賺到這幾千到兩、三萬元的稿費，還不用被永遠買斷版權！

但如果你為了「名氣」，而決定接受這少少的買斷獎金，這一樣也沒有什麼對或錯，就看你覺得值不值得了。

得獎名氣是優勢

為什麼許多人對參加比賽趨之若鶩呢？除了誘人的高額獎金以外，「得獎名氣」就是另外的原因之一，只要你在某個比賽得了獎，就像是鍍了一層金一樣，以後投稿給哪間出版社，出版社都會因為你的得獎經歷特別注意你的稿子，你也就比一般人更容易過稿。

其實讀者也會有「得獎迷思」，這跟「名牌迷思」很像，讀者就算不認識你，看到你曾經得過比賽的獎項，也會因為好奇而多看你的小說幾眼，甚至就因此買下你的小說，你也就比其他沒有名氣的作者更容易吸引新的讀者過來。

不過無論是投稿給傳統出版社，或是參加各種小說徵文比賽，可以靠這兩個管道順利出書的作者從以前到現在都是少之又少，尤其如果你是參加小說徵文比賽，那都是幾百個參賽者在搶

第四章

少少的幾個得獎名額，得獎的機率很有可能連百分之一都不到，所以這兩條出版之路可以說是窄到非常可怕，幾乎百分之九十九的人都跨不過這道關卡。

　　因為靠著傳統之路出版小說已經越來越難，所以現在已經陸續有作者轉向個人出版之路，但你絕對不要認為自己出版是最下下之策，那是因為你還不懂個人出版這一條路有多少的無限可能。

　　所以接下來我要告訴大家的是，「個人出版」市場因為公開的資訊不多，反而成為大家忽略的一塊領域，而在這塊神祕的領域裡，令人驚訝的事情可多著呢！

第五章：個人出版界鮮為人知的內幕

◎所謂的正式與非正式出版品◎

在進入這一章的正題以前，我們要先來認識，什麼叫做「正式出版品」與「非正式出版品」，正式出版品與非正式出版品的差別，不在書籍封面做得精不精美，也不在到底是不是透過傳統出版社出版，更不在到底有沒有在網路書店或實體書店上架，它們倆之間唯一的差別只有一個，就是——有沒有申請「ISBN 國際標準書號」。

只要申請了 ISBN 國際標準書號，這本書就是有登記在案的正式出版品，沒有申請的書籍，就是非正式出版品，例如學校老師自己在影印店印製成一本的講義。而 ISBN 國際標準書號，並非只有出版機構可以申請，以個人的名義就可以申請，後面的章節會教大家如何自己申請 ISBN 國際標準書號。

所以，我們自己就可以出版正式出版品了，絕對不要有一種錯誤迷思，認為透過傳統出版社出書才是正式出版品，自己出書就不是哦！

而目前書籍類的出版品，大概有三種較大的類型，以下簡單

的介紹各種類型的差別處——

同人誌

　　同人誌其實內容廣泛，但大致上的意義，是指一群同好共同創作出版的書籍或刊物。而在臺灣，同人誌的題材多為知名動畫、漫畫及小說的二次創作衍生產品，衍生為小說、漫畫、繪本、書籤等等圖文類的周邊商品，原創小說及漫畫較偏少數。

　　因此同人誌在大多數人的眼中比較屬於「二次創作」的產品，如果是原創類的作品比較不會用同人誌表示。基於同人誌的特殊性質，作者大多是沒有申請 ISBN 國際標準書號，因此這是屬於非正式出版品。

個人誌、個人出版

　　個人誌或個人出版就是指原創類的個人作品，自己出自己賣，也有可能透過通路商上網路及實體書店賣，個人誌和個人出版算不算正式出版品，就看作者有沒有幫自己的書申請 ISBN 國際標準書號，有申請就是正式出版品，沒申請就是非正式出版品。

商業誌

　　商業誌就是透過傳統出版社而出的原創類作品，一般的程序是作者投稿自己的作品給出版社，出版社如果願意幫作者出書，那麼出版社就會開始製作書籍以及上各大通路販售的流程。因為上各大通路販售的書一定要有 ISBN 國際標準書號，所以這類出版社一定會幫書籍申請 ISBN 國際標準書號，也因此透過這個管道出的書籍都會是正式出版品。

　　在知道這些基本概念後，接下來我們就進入本章正題了！

◎不在檯面上的隱性經濟，往往被一般人低估◎

　　我想先問一個問題，你知道某本書成為暢銷書，通常都是從什麼管道得知的？實體書店的排行榜？網路書店的排行榜？出版社的官網？除此之外，還有什麼其他管道？

　　應該大部分就是這幾個主要管道，是吧？那你有沒有想過，很多書根本不在這幾個管道上暢銷，它們各有各自的暢銷管道，卻因為銷售主力並不在實體或網路書店裡，它們就徹底被忽略

了，以為是不賣的書。

最明顯的例子：教科書。老師上課指定要用某本書當教科書，規定學生們都要買，學生們集體直接向出版社訂書，書賣出去很多，卻永遠上不了網路書店與實體書店的暢銷排行榜，只因為——書沒在這兩個管道上賣！

這就是資訊的不完整，讓我們忽略了資訊中沒提及的其他部分。實體書店與網路書店的排行榜，甚至是他們一整年各類書籍的銷售數字，只能顯現出一部分的書市狀況，並非全部，但因為大家最容易得到書籍買賣資訊的管道就是這兩個，所以很容易誤以為，他們所得到的資訊就是全部。

事實是，很多書都不經由實體書店與網路書店出售，它們各有各的銷售方式，而它們的銷量，也往往被一般人低估，是「恬恬吃三碗公半」的隱性經濟。

而我第一個要向大家介紹與個人出版有關的隱性經濟，就是——同人誌經濟。

◎同人誌展場，業餘作者賣到變專職◎

同人誌作者自己創作、自己印製書籍及周邊商品到展場上

賣，這就是自己出版自己賣的形式。過去的同人誌作者幾乎是業餘的，只是賣興趣的，但發展到現在，已經有少部分的作者擁有雄厚的粉絲經濟，光靠在同人誌展場販售自己的新作品，所得的盈餘已經足以轉成正職，養自己綽綽有餘。

據聞這個圈子的頂尖大手，在規模較大場次的同人誌展場內，賣一次所得到的利潤就可達到二十萬，這個數字還不包括其他較小場次賣出的利潤。

而在同人誌展場內，較吃香的是圖畫類的作者，因為讀者不管認不認識這位作者，只需要在展場花一點時間翻翻畫冊，看畫風是不是自己喜歡的，很快就能決定要不要購買，因此有以賣原創畫冊為主的社團，同一本畫冊售完了又陸續再版，甚至最後變成正式的出版品上架網路書店，非常的厲害。

同人誌的隱性經濟有多大？大到有專門舉辦同人誌販售會的公司，每年不定期的舉辦多次活動，每舉辦一次活動，可以吸引上百甚至近千個相關社團報名擺攤，引來上萬的年輕學生們入場購買各種商品，光一個場次的入場門票費收入就可以破百萬，這還不包含大家在展場內購買商品所花出去的錢。

在展場內買賣交易的金額，是屬於資訊不透明的部分，因此常常被一般人忽略，但可別小看這群年輕學生的消費能力，就算

展場內的書籍訂價比一般書市的書籍還要貴，他們還是願意出手購買，就只為了支持自己喜愛的作者。

　　如果你要說，同人誌展場的例子是圖畫類書籍，不是小說類，有沒有小說類的例子？當然有，那就是── BL 小說。

◎ BL 小說自己賣，工作室也來分杯羹◎

　　所謂的 BL 小說，是指男男戀愛小說（Boys' Love），主要觀看的是女性群眾，但 BL 小說和「同志小說」有很大的不同，同志小說是偏寫實的描述同志戀情在現實社會可能遭遇到的種種阻礙，而 BL 小說的作者大多是女性，是靠自己的想像，天馬行空的編出兩個男人談戀愛的故事，是男男版的言情小說，女生愛看的浪漫言情成分很高。

　　因為 BL 市場是小眾，而且寫的題材是一般人比較無法接受的，再加上有些作者喜歡在故事內加入大量的性愛描寫，保守的書市接受度並不高，因此在過去就一直是個人誌非常盛行的區塊，很多作者都是先在網路上發表後，自己印成實體書自己賣。

　　但你可別小看這一區塊的讀者，他們對故事的狂熱度與死忠程度是非常驚人的，導致他們的購買力也很強，作者一發出預購

的消息，大家紛紛搶購，就怕錯過了預購時間，因為這類作者大都看預購人數多少而印書，不會加印太多，所以很容易完售。

而這竟然衍生出「黃牛」市場，黃牛會趁機在預購時間買下多本書，等作者販賣結束後，把自己屯下的書籍放上拍賣網站高價拍賣，就是相中一定會有來不及買的讀者，之後會到處求書，就算黃牛賣的書比原價貴不少，還是會咬牙買下，就怕再度錯過。

這一區塊較有名的作者，一開始從個人誌起家，自己賣自己吃，到後來遇到有出版社想開拓 BL 小說市場，直接向已有自己市場的作者邀稿，作者就轉變成商業誌的作者，如果出版社不做 BL 小說市場了，這些作者們還是可以回去繼續做自己的個人誌，不管自己賣或是讓出版社賣，他們都有辦法賺錢。

而有人看中 BL 小說隱性市場的商機，也開起小型工作室，專門代理各 BL 作者的實體書印製販賣，這種小型工作室，就是直接靠作者的市場賺錢，根本不需建立自己的市場就可以賣書。

BL 小說的作者很多一開始都是從賣個人誌起家，是因為當年的市場環境逼得他們不得不這麼做，但只要能累積起粉絲群，粉絲的購買力可是非常強，也非常死忠，絕對不容小覷。

而現在時代變了，環境也變了，其他小說類型的作者也紛紛投入個人出版的行列，這種趨勢只會越來越多，越來越盛行！

◎小說商業誌限制太多，改個人誌自己賣◎

要走出版社管道出書，就必須經過出版社編輯把關，因應編輯的意見改稿是常態，也常會發生編輯覺得作者想寫的新故事不太討喜，直接就叫作者不要寫，就怕到時候的銷量不會太好看。

出版社選稿有很多的限制，而每個出版社，都有他們特定的故事框架在，作者只能在那特定的框架內寫故事，因此很容易會有綁手綁腳的感覺，尤其是寫了許多本書的作者，往往會希望能有更進一步的突破，但卻會卡在出版社的特定框架內無法伸展，反倒覺得受困了。

因此有些作者會選擇另外自己出個人誌，既然是自己出，就不需要受到任何限制，自我發揮的空間極大，像是奇幻類、恐怖小說類、言情小說類都有作者這麼做，他們有些人還是以商業誌為主，偶爾出一下個人誌，有些則是不再寫商業誌了，後續的小說都以個人誌的方式自己賣，不再依靠出版社的市場。

而這一類的作者有一個共同的優勢所在，就是他們已經在過去書市尚未崩壞得那麼嚴重時，逐漸累積起自己的死忠讀者群，所以就算他們脫離了出版社，靠自己賣也能賣出很不錯的成績。

關鍵還是在粉絲累積的數量！所以不管你是已經寫小說多年

的作者，還是剛進入這個圈子的新人，持續累積自己的粉絲數量就是重點，越早開始累積起，就越有機會比其他人更早建立起自己的市場。

但如果有人想問，不從一開始累積粉絲數量，不先用一段不短的時間累積粉絲數量，難道就不能賣了嗎？這個問題的答案是，的確，你就算沒有先花一段不短的時間累積粉絲群，你照樣可以賣書，但這需要你本身或是你的小說有足夠的話題性及吸引度，能夠引起人們的好奇或討論，再搭配強而有力的快速推廣方式，就算你原本沒有多少粉絲，你照樣能夠賣出不錯的成績。

但趁早開始累積一點自己的基本粉絲群還是有好處的，當你要出書時，他們就會變成你的第一批購買群，幫你打底及增加信心，之後再用其他方式做擴展推廣。

◎自己賣小說原來是暴利？◎

你覺得書是暴利商品嗎？以前還在出版社出書時，我根本不會想到這個問題，因為賣書的事情不歸我管，我單純就是領每本書的固定稿費而已，而且也常聽聞出版社賣一本書其實並沒有賺多少錢，就覺得賣書似乎挺辛苦的。

然而當我開始自己出書自己賣，開始接觸每本書的成本相關問題後，才用另外一個角度切入看問題，發現如果已有基本的粉絲群的話，自己賣書所得到的利潤，會比抽版稅好不少，但感想也僅止於此而已。

直到我認識了一個在電子零件業工作的主管，偶然與他閒聊間，他在知道我自己賣一本書扣掉成本可以有多少利潤後，他居然這麼回我——

「你們賣書簡直就是暴利！」

我愣了愣，自己賣書是暴利？有這麼誇張嗎？自己賣一本書，利潤好一點的話也就一、兩百塊，這樣算是暴利？

後來這位主管進一步解釋，他們賣電子零件，單件的利潤只在幾塊到幾十塊不等，所以一筆訂單都必須要有幾萬以上的量才能創造出可觀的利潤，所以他們的產業真的只是在賺「毛利」。

聽完他的解說，我頓時無言以對，完全無法反駁！

如果再以這種方式去想，其實自己賣書的投資報酬率很高，完全打趴定存。現在的定存利息已經低到百分之一，所以如果存了一百元，增加的利息是——

100 元 × 1% 利息 = 1 元

　　那如果一本書成本一百元，賣兩百五十元，利潤是一百五十元，所得到的利潤是一百元拿去定存後得到的利息多少倍——

150 元／ 1 元＝ 150 倍

　　差距有一百五十倍之多！如果你的印量少，一本書的成本比較高，那拉高到一本書成本兩百元，賣兩百五十元，利潤五十元，所得到的利潤是一百元拿去定存後得到的利息多少倍——

50 元／ 1 元＝ 50 倍

　　結果還是有五十倍之多！換個角度想之後，你是不是會覺得，如果你有一筆小錢，與其拿去定存，一年就賺那一點點的利息錢，可能利息錢連塞牙縫都還不夠，那倒不如投資自己出小說，所賺到的利潤會比定存高了無數倍？

　　不過這裡有一個大前提，就是你必須控管自己的印書量，不能印太多卻根本沒那麼多人買，那多印卻賣不出去的部分就是賠錢的地方。只要你能精準掌控印書量及購買人數，再加上成本與訂價拿捏得宜，取得適當的賣書利潤，就不會有賠錢的狀況發生，

無論如何都可以小賺一筆。

◎出版社的暢銷小說作者，
版稅可能還不如自己賣的作者◎

　　然而自己賣書賺到的利潤，和讓出版社出版，自己單純領版稅，差別到底有多少？我們直接來算算看吧！

　　一樣假設一本小說訂價兩百五十元，成本控管在一百元左右，自己賣一本書可以得到一百五十元利潤。當然這裡的成本會因應印量高低而有變化，利潤多寡也會因應不同的訂價策略而有變化，但為了方便計算與比較，就暫時不考慮這兩個變動因子。

　　這裡要特別強調的是，雖然不是每個人都能把一本訂價兩百五十元的小說成本控管在一百元，利潤一百五十元，或許是成本一百五十元，利潤一百元，也可能是成本兩百元，利潤五十元。

　　但不管一本書成本多少、訂價多少，你只要成本和訂價控管得宜，自己賣一本書賺回一百元以上的利潤並不困難，像上述的例子，你就可以選擇把訂價拉高到三百元。而實際例子上有作者自己出版個人誌，雖然只賣出約五十本左右，每一本賺回的利潤就在一百元左右，一次出書能賣一百本以上的作者，利潤空間也

就跟著變大，賣一本書能賺回一百元以上的利潤不是問題，但也有作者不敢賺讀者太多錢，訂價不高，賣一本書賺回的利潤很少，或許只有五十元，也或許完全不敢多賺讀者錢，直接以成本價賣，這是每個作者心態不同、覺得自己的價值到底有多少的問題。

心態很重要，如果你覺得自己的小說不值錢，不覺得自己的小說值得別人付錢購買，那麼你很難賺得到錢，因為你內心深處其實不覺得自己的小說能賺錢。

因此在這一部分，我想闡述的重點是，不管你一本書的成本與訂價多少，你自己賣出一本小說，能賺回一百至一百五十元的利潤是合理且有可能的，有時候甚至更多，而不是一本小說訂價兩百五十元，成本到底能不能控管在一百元左右，而讓利潤保持在一百五十元這個問題上，當然只要你一次的印量不少，這樣的數字是絕對可以成立的。

而如果是領出版社的版稅，一般的版稅額度在訂價的百分之六到百分之十，最多落在百分之八，不過便於計算，我們就預設是百分之十的版稅好了，所以經由出版社賣出一本小說，作者能夠領到的版稅是二十五元，這部分就比較單純，比較沒有太大的變動因子在。

所以如果小說賣出五百本，自己賣和收版稅分別能得到的利

潤及版稅是——

自己賣：150 元 × 500 本 = 75,000 元

領版稅：25 元 × 500 本 = 12,500 元

七萬五千元和一萬兩千五百元，差距有六倍之多！

那自己賣多少本書，利潤就等於領五百本版稅的錢呢——

12,500 元／ 150 元 = 84 本

竟然不需要破百本，只要賣掉八十四本，我們能收回的利潤就等於賣掉五百本書才能領的版稅價格！很驚訝是吧？

我們再來算算，目前臺灣的小說市場，能賣個三千本就是很暢銷的小說作者了，那暢銷小說作者可以得到的版稅總額是——

25 元 × 3,000 本 = 75,000 元

七萬五千元？自己出自己賣的話，只要賣出五百本，就可以賺到七萬五千元，但出版社卻必須賣出三千本書，才有辦法給作

者相等金額的版稅，不算不知道，一算真的會嚇一跳！

那我們再來算一下，如果出版社和作者有幸遇到小說大賣，假設賣出一萬本，小說作者可以得到的版稅金額是——

$$25 \text{ 元} \times 10,000 \text{ 本} = 250,000 \text{ 元}$$

二十五萬元。那換過來算，如果自己出自己賣，要賣多少本書才能賺到二十五萬元的利潤——

$$250,000 \text{ 元} / 150 \text{ 元一本} = 1,667 \text{ 本}$$

一六六七本，好像難度頗高，但與賣出一萬本相比，你覺得賣出一六六七本的難度有比一萬本高嗎？

那我們再來算一下自己出自己賣的大手，如果出一次新書可以賣出一千本，那麼他能得到的利潤是——

$$150 \text{ 元} \times 1,000 \text{ 本} = 150,000 \text{ 元}$$

十五萬元。那如果是領版稅的話，出版社必須賣出多少本

書，才能給作者十五萬元——

$$150,000 元／ 25 元 = 6,000 本$$

出版社必須賣出六千本書，才能付給作者十五萬元的版稅，賣書量的差距一樣是六倍之多！

算來算去，出版社的暢銷小說作者，能領到的版稅，可能還不如自己賣的作者，而我們並不需要賣到一萬本、一千本，只要有五百本，所能得到的利潤就很可觀！

原來在臺灣的市場內，小說並不需要到大賣的程度，靠我們自己賣，就有可能創造出大賣的利潤出來！也就是說，我們不必成為大賣的作家，也有辦法靠自己創造出大賣作家的價值出來！

另外一個重點是，出版社給的版稅，可能要半年才會結算一次，但自己賣書的錢，快的話幾天到半個月就可以入帳，根本不需要辛苦等待！

這樣算下來，那位電子零件業主管說我們自己賣書是暴利，好像也不是沒有道理？

◎每個領域、每種方式都有人在賺錢◎

不管同人誌領域、BL 小說領域、奇幻小說領域、恐怖小說領域、言情小說領域等等，都有作者在賺錢，大家都各有本事。除了頂尖作者出一次書就能大賺，有更多的作者們把自己賣小說當副業在玩，幾個月出一次新書，賣完書後得到的利潤或許就是自己上班一個月的薪水，等於替自己多增加了額外的工作收入。

就算一般人一開始不能把賣書當主業，也能從當副業或是賺額外零用錢的心態開始，逐步累積自己的實力。先從小賺起步，等有了經驗與基本的死忠粉絲數量打底以後，想挑戰中賺或大賺的機會也會跟著變大。

或許下一個自己賣小說能賺到十五萬利潤的大手可能就是你哦！千萬不要一開始就認為不可能，因為既然有人成功了，就表示是有機會且有可能的，另外……還記得我在前面幾章提過的，能讓自己成功的心態與想法嗎？

這世上沒有「不可能」，只有「想不到」！

或許大家想不到的那個人，真的就是你！

第六章：網路發表賺錢法

◎在出實體書之前，
   或許可以先從網路開始賺錢◎

　　我知道就算現在網路發達，把小說放在網路上公開已是非常普遍的事，但小說作者們心中還是一直擁有出實體書的夢想，畢竟實體書才是真正摸得著的東西，而能在自己的書櫃擺上自己的書，或能在書店或圖書館看到自己的書在架上，那是一件非常美好，也非常有意義的事。

　　而且現在的普世價值，還是覺得有出實體書才算是「真正的作者」，那種成就感與滿足感，短時間內是很難被網路發表或出電子書所取代，並且網路作品以及電子書作品，最後大多還是希望能出實體書，結果繞了一大圈，實體書還是所有創作者心心念念的最後歸宿。

　　我明白大家的夢想，不過凡事都有一些漸進的程序在，因此在進入出版實體書的各種議題之前，我們先來聊聊網路發表吧，因為網路發表也有機會賺錢，如果你可以在邊創作小說之際，邊靠著網路發表賺錢，或許等你的小說創作完畢時，出書的資金也

一併賺到了！

　　雖然本書是以臺灣的市場為主，但網路小說發表平臺較興盛的其實在大陸，所以兩邊的基本狀況我都會介紹，要不要網路發表、要選擇哪邊的發表平臺，就看你依自身的狀況做評估及選擇了。

◎成為網路小說發表平臺的簽約作者，
##　　靠 VIP 訂閱賺錢◎

　　大陸的網路小說發表平臺很多很發達，較為有名的像是「起點文學網」、「晉江文學城」、「紅袖添香」等等，每個網路小說發表平臺的故事性質都不太一樣，因此吸引來的讀者群喜好也不太一樣，像有些是專攻男性讀者，有些專攻女性讀者，因此要去這一類的發表平臺之前，你得先搞清楚自己的屬性適合哪裡，免得一開始就進錯市場，到最後做白工的機率很高。

　　想在這些網路小說發表平臺賺錢，第一件事便是要成為平臺的簽約作者，成為簽約作者的方式主要分兩種，一種是你已經在平臺上發表小說，站內編輯看到你的文章，主動來找你簽約，另一種是你已經先寫好幾萬字的小說前頭，主動聯繫站內編輯，請

編輯看你的文，評估你能不能成為簽約作者。

　　如果可以成為簽約作者，那麼你的小說就能成為 VIP 文，靠著讀者的訂閱收費。

　　有人寫了好幾部免費小說之後才成為簽約作者，也有寫作功力較好的人寫第一部小說就成為簽約作者，每個人的情況都不一樣。不過在收費之前，你的小說開頭幾萬甚至幾十萬字都是讓讀者免費閱讀的，後半的故事章節才會進入收費模式，並不是整本小說都能收費。

　　前半免費閱讀的章節是讓你吸引讀者群及訂閱量的，等到有一定的人氣及訂閱量後，後半的故事章節才會開始轉收費。不過在轉收費的這個階段，訂閱人數會往下掉一段時間，畢竟一開始大家都是因為免費而看的，如果你的故事沒有好到大家非看不可，大家就跑去看別的了，在轉收費後真正剩下來的那些訂閱量，才是真的肯花錢買你的文閱讀的讀者。

　　大陸的網路小說發表競爭激烈，收費則是看字數算錢，而每個字的價錢非常低，所以他們大都靠著每天更新龐大的數字量賺錢，每天更新好幾千字到一萬字才容易冒出頭，而且還要天天更新，幾乎不能休息。

　　如果一天更新三千字，一個月有三十天，必須產出多少文字

量？九萬字！而且我估的一天三千字，其實還低估了，五千字以上才是接近真實情況。

如果你是小說快手，每天都能源源不絕產出故事內容，至少三千字以上，一個月至少要寫出十萬字，並且一個故事至少要十萬字以上，甚至到達百萬字的量，那麼可以去這些平臺試試看。

但如果你寫小說的速度很慢，很喜歡邊寫邊修改，甚至寫寫停停的，有靈感才寫，沒靈感就寫不下去，而且字數只在十萬以下，就不適合到這些平臺發展。

臺灣的確有人靠著在這些平臺寫小說賺錢，甚至每個月賺到的訂閱金額足夠當正職，就是靠著每天大量字數的更新。不過如果不當正職，不跟其他作者拚每天海量的更新字數，以自己的步調寫作，也是有機會賺到額外的零用錢的。

但如果你以為大陸網文的閱讀人口非常多，把自己的小說放到那些平臺刊登，隨便也會有讀者看的話，我要告訴你，因為他們雖然閱讀人口多，但作者也很多，每天海量的更新一下子就把你的更新文章擠到不知哪裡去了，所以如果你只純粹發文，不想辦法增加自己的曝光率，點擊數上漲的程度會很有限，也很難在一片作者海中冒出頭來。

除了字數更新的問題以外，如果作者和平臺業者之間出了問

題或爭執，跨海打官司是一件非常麻煩的事，再加上大陸常常會因為一些新政策而禁止某種題材的小說繼續發表，像帶有性愛描寫的情色文就是例子。甚至他們的平臺有很多禁用詞彙，你只要不小心寫到那些禁用詞彙，把文章發布上去之後，那些禁用詞彙就會變成方框或是其他符號之類的，要不然就是直接把那一個章節鎖起來，不讓讀者看，要作者把涉及禁文的部分修改掉，才能重新開放，種種寫作自由受到控管，也是臺灣作者會望之卻步的地方。

也因為在大陸寫網文有諸多禁忌及限制，反倒出現一種奇妙的現象，大陸作者會不惜一切翻過網路管制的城牆跑到臺灣的網文平臺發表情色文等等在大陸禁止發表的文類，導致臺灣的某些網文平臺充滿著這一類的小說存在，也擠壓掉臺灣本地作者的生存空間。

另一個更難跨越的問題點是，臺灣和大陸的民情及文化非常不同，你如果寫現代背景的故事，沒有在大陸住過一段時間，不懂他們的現實生活是什麼樣子，甚至不懂他們說話的習慣用語和臺灣有什麼不同，你很難寫出符合大陸讀者口味的現代故事，也就是所謂的「無法接他們的地氣」，所以臺灣的作者想在大陸的網路發表平臺發展，會傾向寫架空古代小說、奇幻類小說，這一

類「比較不現實」的小說。

　　但不可否認,這的確是一個可以賺錢的管道,只是並不適合所有的創作者,就看你有沒有辦法適應屬於他們的特殊環境了!

◎去自設收費模式的網路小說發表平臺,
　自己決定要不要收費◎

　　如果大陸那種必須每天海量更新字數的創作方式真的不適合你,覺得壓力太大、腦力消耗太嚴重,那麼或許你可以選擇能自己設置要不要收費的網路小說發表平臺,一切由自己作主。

　　而這樣的平臺,目前臺灣以「POPO 原創市集」為最大宗,還有其他流量較小的平臺也有作者自設收費模式。不過當然流量越大的平臺,較有機會賺到錢,除非你是自帶讀者群的大作者,那麼不管在大平臺或小平臺,靠你自己帶過去的讀者群都有辦法生存,這也是為什麼小平臺都喜歡去大平臺挖角大作者的原因,因為可以直接靠著大作者將部分讀者吸引過來。

　　這類的平臺,不用成為平臺的簽約作者就可以自己設定收費模式,所以算是很自由的,而平臺的編輯也會從中挖掘可以栽培的作者簽約,甚至不定時會舉辦有獎金的徵文比賽,靠徵文比賽

賺外快，也是一種管道。

　　而平臺內高人氣的作者，也有機會被平臺出版商看中，進而出版實體書，不過每個平臺出版商喜歡出的小說類型都不太一樣，這是要特別注意的地方。

　　回到自設收費模式的議題，如果你的名氣並不大，直接設收費模式是沒有人看的，這是很現實的一面，所以一開始還是得從免費閱讀做起，等到有了人氣後，才能考慮後面的故事要不要轉收費。

　　但裡頭大多數的作者，在故事連載期是不收費的，等到全文連載完後才部分章節轉收費，然後趁著故事還有熱度的時候自己出版個人誌，自己賣書給死忠讀者群，也能賺到不少額外收入。

　　那麼在這類自設收費模式的平臺，有沒有直接收費也好賣的小說類型？有，就是十八禁的情色文！

　　情色小說在過去的臺灣書市，一直是處於被打壓的狀態，雖然還是可以出版，但很容易引起保守人士的注意，因此出現麻煩。然而這麼做並無法讓熱愛情色小說的讀者消失，他們反而轉到網路上去看文、找文，然而又因為這一種類型小說的特殊性質，導致作者可以用大量的性愛內容吸引讀者付費閱讀，因而產生出另一個市場。

別小看情色文的讀者，他們也是很忠實且很願意花費的一群，而且上網看還有一個好處，就是不必擔心被別人發現，比拿實體書看要放心多了！所以喜歡寫情色文的作者，或許可以往這個方向試試看。

那麼除此之外，我們還有沒有其他選擇呢？

◎你有聽過「訂閱集資」嗎？◎

除了前述的網路小說發表平臺以外，其實臺灣近年出現了不少新的募資平臺，其中一種就是屬於「訂閱集資」，這種訂閱集資的平臺，目前以「PressPlay」和「嘖嘖」作為代表。

什麼叫訂閱集資？就像你成為網路影音平臺的會員，每個月繳交固定費用，就可以瀏覽平臺內的各種影音資訊，直到你決定不再交下一期的會員費為止。

訂閱集資平臺，就是這樣的概念，不管任何類型的創作者，都可以試著去這種平臺進行提案，平臺業者會和你討論提案的可行性，並給你各方面的建議。

或許你想寫一個獨特的故事，想要吸引讀者每個月贊助固定的金額讓你創作，而你回饋給這些贊助讀者的方式，可能是只讓

這些讀者看你新寫的小說，或是辦讀者見面會只讓這些贊助者參加，怎樣的回饋贊助方式都有，就看你如何設計回饋方案。

如果你有辦法吸引一群死忠讀者，每個月都固定贊助一定的金額讓你創作，就等於是讀者群每個月在付你薪水，但相對的，你也必須給這一群贊助者相應的回饋，並且要固定且穩定的產出小說內容，好感謝他們的支持。

不過目前在這一個區塊，是「知識類」或「教學類」的創作者較能募集到每月龐大的贊助額，光靠讀者贊助他們就能專職創作，純小說類的，除非作者自己的號召力夠大，要不然很難。

既然很難，為什麼我還要介紹？因為凡事都有例外，臺灣的小說創作者在每個領域都有殺出重圍的例子出現，生命力強得很，不容小覷，所以多介紹一種管道讓大家知道是好事，適不適合你、你想不想去嘗試看看，那就是個人選擇了。

說不定過不久之後，就會有第一位小說作者以訂閱集資的方式取得不錯的成績，讓我們刮目相看，這也不是不可能的事，不是嗎？

另外，其實已經有臺灣的漫畫家在這種訂閱集資平臺募資成功了，我之所以會特別提出漫畫家的原因，是因為在臺灣成為漫畫家比成為小說家更辛苦，遇到的挑戰更多更嚴峻，而這位漫畫

家每個月募集到的訂閱金額是多少？二十萬！

◎有沒有「創作補助」這種東西？◎

或許有人想要問，臺灣有沒有關於小說類的「創作補助」？還真的有，不過……這並不適合絕大多數的大眾娛樂小說類創作者申請！

「國家文化藝術基金會」每年都有定期舉辦各項藝文類補助申請，其中一項文學創作補助，可以讓作者申請寫作補助的經費，如果通過的話，作者每個月都會有固定的創作補助，也等於是國藝會提供你月薪，讓你在寫作計畫執行的這段日子可以有些基本薪水入袋。

很吸引人是吧？但它提供的是「文學創作」，不是「娛樂性質小說創作」，你如果去查歷年得到補助的小說題材，可以發現都是較有文學性質的，或是以臺灣本土為主要題材，再加入奇幻元素，要不然就是文學性的散文或詩集，補助的方向很明顯。

所以如果你是寫市面上流行的穿越小說、言情小說、架空歷史小說、奇幻小說、玄幻小說、武俠小說、輕小說、驚悚小說等等，如果沒有某一方面的特殊性，而是非常市場大眾的走向，真

的不必浪費時間去寫申請計畫書，因為完全不是這個單位會補助的題材與方向。

　　但如果你想寫的小說，雖然是偏娛樂性的，但卻擁有本土味濃厚的特點，像是拿臺灣歷史、臺灣本土文化習俗、臺灣過去的妖鬼神怪故事做題材來寫作，再加上你的小說創作技巧已經成熟，具有一定以上的水準，那倒可以去嘗試申請看看。

◎新模式：授權影視改編經紀約◎

　　臺灣近期出現了一個新的小說發表平臺，叫做「鏡文學」，這個平臺較特殊的地方，是他們專營小說影視改編的方向，也兼營實體小說出版。在他們一剛開始招募作者來網站上更新小說時，曾說過會有收費制度，讓作者自己決定要不要向讀者收費，不過目前的進展是這個方面尚未開始實施，將來什麼時候實施也還不確定。

　　這個平臺主要簽的是「版權經紀約」，而不是出版約，他們在簽下你的小說作品後，會找管道將你的作品介紹給相關影視公司，看有沒有人想買下你作品的影視改編權，如果順利推銷出去，賣出的影視改編權費用就由作者和鏡文學一起拆帳，拆帳的比例

就看簽約時怎麼簽了。

因為他們的主力方向是影視改編這一塊，所以作者在簽經紀約時，可以選擇不簽實體書出版經紀約及電子書經紀約，可以留著自己出實體書及電子書。這對個人出版作者有個好處，就是不但可以自由的自己出書，也能多一個管道委託版權經紀人去兜售自己小說的影視改編版權，畢竟影視改編是比出實體小說機會還要更小更小的區塊，而且不是個人出版者有能力自己去推銷的事情，這時適時的用部分委託授權的方式，可以省下自己的心力，反正如果沒賣出去，版權經紀方也不會收取費用，但如果幸運賣出去了，可就是一筆可觀的額外進帳。

◎不同平臺特性不同，需做適合自己的選擇◎

在大致介紹過與網路相關的各種發表平臺後，我要告訴大家的是，每種平臺他們各自的屬性及特性都不一樣，生存的方式也不同，沒有絕對的好與壞，只有適不適合自己而已。

而每個平臺更細節的發表規則及創作生態之類的，要寫起來會變成長篇大論的論文，在這本書裡就不詳述了，想要更進一步瞭解的讀者，可以自己上網查相關資料，也可以更清楚的知道，

自己到底適不適合那樣的環境。

　　然而網路發表，最大的一個問題所在，就是盜文嚴重，你在一個小說平臺發表新的故事章節，可能幾天之後就出現在其他的盜文網站內，就算你的小說是付費才能閱讀，還是會被盜文網站盜走，簡直防不勝防。

　　讓網路小說作者最困擾的兩件事，大概就是自己的小說被抄襲和被盜文了，這個問題目前是無解的，就算網路小說平臺一直在加強防止盜文的方式，還是會被人找到破解方法，所以你在選擇網路發表時，要知道一定有這樣的風險存在，能不能接受，就看你自己了。

　　而介紹完小說網路發表的領域後，我們終於要進入小說實體書相關內容了！

第七章：實體書製作出版

◎出實體書並不難，
只是有很多小細節要注意◎

　　以前想要自己製作媲美正式出版品的實體書，並不是一件容易的事，除了各種印刷問題之外，專業的書籍排版軟體也非常貴，一般人根本買不起，導致很多事情還是只能依賴專業的出版社，要不然只能找影印店把內頁印出來，再加個彩色的書皮，就成為最陽春的書本。

　　但現在科技發達，日新月異，已有很多與排版相關的軟體能在網路上找到，有些是免費的，有些是付費的，但就算是付費的軟體，也能用便宜的價格取得使用權，這部分我在後面的相關章節處會提到。

　　在製作一本實體書時，有很多的細節都需要注意，注意這些細節能幫助你提升自己做書時的整體水準，並且提早知道哪些問題不要犯錯，可以省去你不少的心力及修正問題的時間。

　　接下來我會把實體書製作出版時會遇到的各種階段拆開來介紹，每個環節需要特別注意、容易出問題的地方都會提出來，讓

就算沒出過書的人，看完這一章的內容後，也能有最基本的概念。

　　而第一個需要思考的問題就是，你要找「自費出版公司」幫你製作書籍，還是在這個部分全都自己來？

◎找自費出版公司出書，還是全都自己來？◎

　　所謂的「自費出版」，就是自己花錢出書，而「自費出版公司」與傳統出版公司不同的地方，在於自費出版公司不出自己的書，而是協助想要自費出版的客戶出書，所以自費出版公司是「出版服務業」，提供與出版相關的各種服務，而非傳統出版業。

　　這一類的公司，在臺灣以「白象文化」、「華文網」、「秀威資訊」為代表，其實還有許多公司也陸續增加自費出版的業務，直接上網查會出現一堆。而這一類的公司可以承辦實體書編輯、潤稿、出版、實體書店與網路書店上架、電子書製作及網路通路上架等等，反正只要與出書有關的事情他們都可以辦理，甚至你想開個新書發表會，他們也能幫你辦到！

　　因為沒有出書類型的限制，自費出版公司出的書五花八門，並且經由他們製作出來的書籍，水準可與正式出版品一樣，要多美麗就有多美麗，只要你肯捨得花錢，沒有什麼事情辦不到。

　　當然了，既然他們是公司，就是要收取相關服務費用才能生存，不可能無償幫客戶出書，所以要不要找自費出版公司出書，完全看你自己各方面的狀況，並沒有一定要不要的問題存在。

有錢方案：自費出版公司全部幫你辦好好

　　如果你有足夠的出書經費，只想專心寫作，不想多費心在其他事情上，或者你出書只是出興趣，你還有專職需要忙，沒有太多時間處理與出書有關的諸多瑣碎事，那麼你可以選擇將所有出書流程都委託給自費出版公司，讓他們幫你從頭到尾辦到好。

　　這麼做的好處就是，你可以省掉非常多自己來的環節，出書出得很輕鬆，但相對的，你必須付出較高額的費用製作書籍，書籍的成本會跟著變高，賣一本書所得到的利潤也會跟著減少。

　　通常你接洽自費出版公司時，在知道書籍的頁數大概有多少頁後，公司就可以出報價單給你，讓你知道你出一次書大概需要花費多少錢，而你也可以從報價單上知道，內頁排版、封面設計、製版費用、印刷紙張等各個細項各是多少錢。

　　這就是直接花錢省時間、買自費出版公司的製作經驗及服務了，很適合經費足夠又正職忙碌，只把出書當副業興趣，或是願

意花錢自己出書圓夢的人，所以還不少客戶願意付這些錢的。

省錢方案：全部出版流程都自己來

　　當然了，並不是所有人都有足夠的經費出書，便選擇所有的出版流程都自己來，這麼做的確可以省下非常多經費，但很多事情都要從零開始摸索起，並且得花非常多的時間在出版流程上。

　　但自己摸索完一遍所有出版流程後，你什麼都懂了，不但會有成就感，當你再做第二本書時，什麼都難不倒你了，而且你的製作速度也會變快很多，已經不會覺得全部自己來有什麼難的。

　　所以這適合掌控欲強的作者、想要各個環節自己都能控制的作者、真的有野心要把出版小說當成個人事業來經營的作者，這麼做也會讓你迅速變強，自主性也更強，變成獨當一面的強者。

　　但如果你說你不想額外花太多錢，也不想什麼都自己來，這樣太累人了，有沒有折衷一點的方式？當然有！

折衷方案：部分自行處理，部分交由自費出版公司處理

　　其實你找自費出版公司，並不代表所有的出書環節都要委託

他們處理，有些公司是可以接受某些製作環節是由你自己來的，像是內頁的排版製作，只要你能保證自己做出來的東西有一定水準，上得了檯面。

和自費出版公司合作，沒有一定要怎麼做才可以。我的做法是，我在出第一本自費小說時，包含內頁排版、實體書印刷、網路書店與實體書店上架等等，全部委託自費出版公司處理，不是我很有錢，而是因為第一次我完全沒經驗，我想跟著自費出版公司將所有流程全都跑一遍，搞清楚裡頭有多少細節需要注意，也避免第一次自己出書，會手忙腳亂的出很多沒有必要的差錯。

等出完第一本書，跑完所有流程，有經驗了，我就知道哪些部分我可以自己來，哪些部分還是必須委託自費出版公司。像內頁排版及封面設計相關我就自己來了，這部分可以省下一筆開銷，但書籍印刷部分以及書店上架部分，我還是選擇委託自費出版公司處理。但如果你只打算自己賣，不上書店賣，那麼委託上架部分又可以省下一些費用。

我覺得部分自行處理，部分交由自費出版公司處理是種很不錯的折衷辦法，有些事情我們自己來真的太辛苦，就該適時的用付費的方式委託專人處理，這也算是一種分工方式。

我的建議只是其中一種選項，你並不一定得跟我一樣不可，

你可以評估自己的狀況，做出最適合自己的選擇。

接下來，我會介紹與實體書製作有關的更細微項目，告訴你如果你想自己來，可以用什麼方法做到，並且要注意哪些事情，避開容易出差錯的問題。

其中會介紹到一些常見或較特殊的書籍製作軟體，因為現在軟體更新的速度很快，一直在調整或修正，而網路上也不斷有人寫使用教學文，想要取得這一類的教學文資訊很容易，所以書中就不詳細介紹每種軟體的使用方式，只提醒大家在使用這些軟體製作實體書時，有哪些細節需要注意。

◎內頁排版設計◎

當你的小說寫好，要製作成書籍時，第一個遇到的就是內頁排版的問題。如果你對該如何設計內頁版型沒有任何頭緒，很簡單的一個做法，就是拿出你手邊的實體小說，參考它們的版型。

目前正規書籍的大小大多是 A5 規格，所以請找 A5 規格的書來做參考，太大或太小的規格都不太好，除非你有特殊理由，要不然還是不要太搞怪另類會比較好。

如果你要說，你還是不懂 A5 到底有多大，本書就是 A5 規格，所以找跟這本書一樣大小的實體小說來參考就對了！

內頁文字有分直式書寫與橫式書寫，直式書寫是右翻書，橫式書寫是左翻書，你可以各找一本直式與橫式書寫的書籍翻翻看，就會知道左翻書與右翻書的差別。目前臺灣的小說類書籍大多使用直式書寫右翻書，有些外來小說會用橫式書寫左翻書，這是一種約定俗成的習慣問題，並沒有硬性規定一定要怎樣，所以你還是可以自行選擇要做成直式閱讀的小說或橫式閱讀的小說。

而內頁版型最重要的地方，就是每一頁上下左右四邊要留多少空白，才可以看得舒服，尤其要注意的是，被膠裝固定住的內側頁面，需要留較多的空白，免得小說內文太靠近膠裝內側，會導致不容易閱讀。

除了四周需要留空白以外，你也可以參考其他小說用字的大小，以及一頁該放幾行字最剛好，以直式排版的書來說，鬆一點的十五行，緊一點的到十七、十八行都有，就看你的小說字數是多是少，因為每一頁的行數多寡，會影響到最後你這本小說必須印多少頁才能把故事印完，頁數少，印製成本較少，頁數變多，印製成本當然也會跟著增多。

另外頁數多少也有學問在，因為傳統印刷需要經過製版程

序，每一個版面可以放置八頁或是十六頁，看製版的大小，但一般最正規是採取十六頁的製版大小，所以你的頁數必須控制在十六的倍數上，像是——

16 頁 × 15 版 = 240 頁
16 頁 × 18 版 = 288 頁

　　這裡的頁數，不包含書籍前後額外加上的空白蝴蝶頁。所以你在排版時，必須去抓最靠近十六頁倍數的總頁數，如果你排完版後，發現頁數來到兩百三十六頁，還差四頁就剛好兩百四十頁，如果不想直接空白，或許可以多寫一些前言或後記，要不然就放自己其他書籍的廣告頁，也可以放插圖之類的，反正有很多方式都可以把頁數填滿。

　　但如果你不是用傳統印刷必須製版的方式，而是直接用電腦少量輸出的數位印刷，那就不必管頁數是不是十六的倍數了，只要是偶數就可以。

　　這些基本概念都知道後，那麼⋯⋯你該用什麼軟體排版呢？

初階排版軟體：Word

我想大家最常用的寫作軟體，應該就是 Word 以及類似的文書軟體了，如果你不追求專業的內頁排版，只需要簡單的排版一下，版面乾淨不花俏，只要閱讀舒服就好，那麼 Word 裡頭的各種功能的確已經足夠你使用。

但如果你需要多一點的變化度、希望能在版面設計上做更多的花樣，那麼你可以試著學習專業的排版軟體 InDesign。

進階排版軟體：InDesign

InDesign 向來就是專業出版在用的軟體，是 Adobe 公司旗下的軟體之一，那我們該如何取得正版的軟體？

很簡單，去 Adobe 的官網下載就對了，目前官網提供七天的試用期，所有功能都可以使用，試用期過了之後，你只要選擇付費方式，就可以繼續使用。

現在的付費方式，可以用「月」來計算，因此就算付費使用也不會花到太多錢，你只要買一個月的使用權就好，夠你做完排版還綽綽有餘，而目前一個月的使用權售價，約在一千塊以內。

　　但或許你連一千塊都不必付，在七天的試用期內就把排版搞定了，像我第一次使用的時候，花三個晚上摸索 InDesign 的基本操作方式，再花一天就把整本書排版完畢，連七天都用不到！

　　接下來的問題是，你該如何學習使用 InDesign ？其中一種方式，找網路上的教學文，另一種方式，去買一本最新版的教學書，先從頭到尾看一遍，知道哪些功能是你需要用到的，接著按照書籍操作一遍基本功能，很快你就能摸索到七、八成。

　　其實真的試過之後，你會發現 InDesign 並沒有想像中的那麼難操作，只是我們不熟悉而已，而且純文字的小說排版非常簡單，你只需要學會最基本的功能，就可以把小說內文排得漂漂亮亮的，非常有成就感！

　　排版完之後，不管你是用 Word 還是 InDesign，都請記得轉檔成 PDF 檔，因為你如果直接拿 Word 檔去做電腦輸出，檔案格式有可能會跑掉，但如果轉成 PDF 檔，就不會有這個問題存在，而用 InDesign 排版則是一定要轉成 PDF 檔才能送印。

　　除此之外，在這裡有兩個環節我必須要特別提出來的是——字體版權以及紙本校稿的重要性！

字體版權要注意

你在電腦上打小說都用什麼字體呢？除了電腦內含的基本字體外，如果你有額外灌其他的字體使用，那就要注意版權問題了。

很多額外字體如果要拿來做商業使用，都是需要付版權費用的，其實就連電腦內含的新細明體和標楷體，也是有版權的，用來單純打字自用是沒有問題的，但要拿來做商業使用其實會有版權上的疑慮。如果你沒有額外的預算可以付字體的版權費，那麼就請盡量避免使用這類字體，要不然就是改用「免費商用字體」。

你只要上搜尋引擎打關鍵字「免費商用字體」，就可以查到不少可供取代的免費商用字體，因為每個人的審美觀不同，喜歡用的字體也不一樣，所以我就不特別介紹哪種字體比較好了，大家可以多試幾個字體，找自己看起來最舒服最喜歡的字體就好。

如果你因為用新細明體和標楷體習慣了，還是想用這兩種字型，但又顧慮拿來做商業用途可能有疑慮的話，怎麼辦？可以上網路尋找「國發會全字庫」，他們有提供免費可商用的「全字庫正宋體」（新細明體）和「全字庫正楷體」（標楷體）。

不管你用的是什麼字體，只要用做商業出版，都請注意一下字體的版權問題，這樣會比較保險哦。

第七章

<u>紙本校稿很重要</u>

現在大多數的小說創作者都直接在電腦上打稿，堅持手寫的已經非常稀少，所以大家都很習慣在電腦上看稿改稿，但如果可以的話，請務必把稿子印一份紙本出來校稿，這個步驟很重要！

為什麼？其實已經有人做過研究，同一份資料，用電腦看的人，吸收程度明顯的會比看紙本的人低，電腦其實不是一個適合大量閱讀的工具，看紙本文件才容易形成專注力，能順利吸收進的資訊也比較多。

你有沒有過這種類似經驗，像在電腦上看長篇文章時，視線會飄，會不小心跳過某些行沒看到，甚至不太能把大量內容讀進去，才剛看過卻沒什麼印象？

這也就是為什麼，傳統出版社還是習慣把稿子印出紙本校稿，你直接在電腦上校稿，很容易就會看花了眼，因此忽略掉很多細節，眼睛掃過去卻還是沒有發現錯誤在哪裡。

但紙本稿就是有一種奇妙的魔力，讓你很容易就發現哪裡有錯字、哪一段文句讀起來怪怪的，需要再修改，然後你就會在紙本稿上修出了「滿江紅」，一堆問題都跑出來了。

這是很重要的一個步驟，可以讓你的稿件品質變得更好，至

少錯字會少很多！

我的做法是，第一次校稿直接用 Word 檔列印出來，除了抓錯字以外，也修不太順的文句，所有的問題抓完之後，再照著紙本稿件修改 Word 檔，把所有該調整的地方都調整完畢。

接著我再把一校修正過的文檔用 InDesign 做正式的排版，排版完畢後，一樣再列一份紙本稿出來，做第二次校稿，第二次的校稿我就盡量不動文句了，單純只看還有沒有錯字。

真要修稿下去，會永無止境的修不完，所以在修稿時要適可而止。而使用 Word 的人，就可以直接把修正過錯字與文句的 Word 檔做排版處理，就少了進 InDesign 排版的動作。

然而經過兩次校稿後，還是可能有錯字沒被找出來，這種狀況很常出現，所以也不需要太自責或懊惱，盡力了就好，要不然你也會校稿校不完，校到眼都花了還是有漏網之魚存在。

校完兩次稿的稿件就是我送印的檔案，除非有特殊原因，要不然我不會再刻意去動它，接下來我們就要處理其他的部分了。

◎封面設計製作◎

在書籍封面製作部分，因為涉及插畫及封面設計美學，不是

所有小說創作者都對這個部分有基本的美學底子，所以我會建議還是付費請專人處理，不一定要請自費出版公司製作封面，網路上也有專門接書封設計的個人接案者，價格不一，大家可以多多尋找、多多參考。

而書籍封面的組成部分，總共有前折頁、書封面、書背、書封底、後折頁五大部分，你只要拿一本實體書出來翻翻看，就可以知道這五大部分是如何組成的。

而內文直式的右翻書，與內文橫式的左翻書，書封面和書封底擺放的順序會不一樣，連帶的前折頁與後折頁的擺放順序也會不一樣，這部分你只要各拿一本左翻書與右翻書來比較看看，就會知道順序的差異在哪裡。

封面內容的組成除了書名與文案外，就是封面插圖了，就算你要自己來處理封面設計，可能你也沒辦法自己畫封面插圖，這時候請去找你喜歡的封面繪師，付費請繪師幫你畫封面圖，你再拿畫好的封面圖自己後製加上書名及文案。

有些繪師有兼營封面設計，只要再多加一些錢他就能幫你把書名及文案設計在封面插圖上，可以一次就把封面的問題處理完，也是一件不錯的事。

一般放在網路上的圖檔，都是採用 RGB 的色彩模式，但印

刷機器使用的是 CMYK 的色彩模式，所以要印刷的封面圖檔，一般都得改成 CMYK 的色彩模式。

RGB 的意思就是光的三原色——紅、綠、藍，以這三種顏色混合出其他的顏色，各種電子螢幕產品顯示出的影像就是用 RGB 色彩，像是數位相機、手機、電腦、電視等等。

CMYK 的意思則是印刷油墨所使用的顏色——青、洋紅、黃、黑，用這四種基本色調出其他的印刷色。

因為 RGB 和 CMYK 表現顏色的方式不同，所以把 RGB 的圖檔轉成 CMYK 模式時，多多少少都一定會出現色差，通常明亮的 RGB 色彩在轉成 CMYK 的印刷色後，會變得比較不那麼明亮，顏色也會變深，這是需要注意的地方。

接下來，你如果想自己做封面設計，該用哪種軟體？

最大眾：Photoshop

目前大家最常使用的正規修圖軟體，應該就屬 Photoshop 了，Photoshop 雖然是專門處理照片及一般圖檔的軟體，但要拿它來做封面編排也是可以的，所以這也是大家最方便的入門軟體，也是最容易使用及上手的選項。

較專業：InDesign

　　而拿來做內頁排版的 InDesign，其實也可以拿來做封面編排，如果你的封面需要放上許多文字排版的話，用 InDesign 的功能或許也是個不錯的選擇，網路上有教學文可參考。

更專業：Illustrator

　　而真正專門拿來做封面設計的程式，其實是 Illustrator，Illustrator 同樣是 Adobe 公司旗下的軟體，所以我們也可以去 Adobe 官網下載正版程式試用及付費使用，封面設計教學文一樣可在網路上尋找，或是直接買 Illustrator 的專門教學書參考。

封面插圖、內頁插圖

　　目前市面上小說封面的設計，有配合內文而畫的人物插圖，也有非人物的抽象圖案，或是直接把書名當成封面設計的中心，用文字的特殊變化做為設計的主軸，不管是哪種方式都可以，就看你自己的喜好及小說的屬性。

　　然而如果你的封面需要人物繪圖，甚至還有內頁黑白插圖，真的建議你在這個部分不要省錢，請找已有一定水準的繪師！

　　因為小說封面就是故事的門面，一個漂亮有水準的封面可以刺激潛在讀者想來翻翻看，但如果是一個畫技有待加強的封面，潛在讀者光看封面的第一印象就不太好，甚至會想，封面圖水準就已經不怎麼樣，裡頭的小說水準會不會也不怎麼樣，這樣你就容易錯失很多潛在讀者。

　　我知道有不少小說創作者是文字與圖畫雙修，很想要小說內文及封面都由自己親自操刀，這樣才完整且滿足，但真正兩樣技術都練到已接近專業等級的作者卻非常少，所以為了自己的小說銷售量著想，封面的部分請謹慎再謹慎，千萬不要逞強！

封面印出來看效果很重要

　　在這部分我同樣要強調，自己製作出來的封面檔案，一定要印一次彩檔出來看實際效果好不好，只看電腦檔，很多細節你會漏掉沒發現，印一份紙本出來真的會降低你封面出問題的機率。

　　現在要印彩色檔案非常方便，在各大便利商店都可以印，而且價格也不貴，雖然在便利商店印出來的彩稿效果，和真正送印

刷場印出來的效果，還是會有差距，但至少你可以大致知道印刷出來的感覺好不好、封底的文案字會不會太大或太小，畢竟看電腦檔和看實際列印出來的稿子感覺是很不一樣的，尤其文字大小的感覺，一定得印出紙本稿看看，才會知道文字大小是不是剛剛好，直接在電腦上看絕對會有非常大的落差在。

◎申請 ISBN 國際標準書號、出版單位◎

當你的小說內頁處理好了、封面也處理好了，那下一步，我們就可以來申請「ISBN 國際標準書號」。

實體書的最前頭或最後頭，都會有一個「版權頁」，版權頁內記載了像是出版單位、發行單位、經銷單位等等的書籍出版資訊，當然一定會有「ISBN 國際標準書號」。

ISBN 國際標準書號就是一本書籍的身分證，有些個人誌作者在出書時並沒有申請 ISBN 國際標準書號，如果只有自己賣是沒有太大的影響，但如果想要上架實體書店及網路書店，就必須要有 ISBN 國際標準書號才能上架。

所以你可以依自己的需要，來決定要不要申請 ISBN 國際標準書號，就算你一開始只想自己賣，覺得賣量並沒有很多，所

以省事沒有申請，之後如果哪一天想上實體書店與網路書店販售了，也可以事後補申請，再把 ISBN 國際標準書號加入書籍的版權頁內，這樣也就可以了。

如果你是委託自費出版公司製作書籍，那你什麼事情都不必做，自費出版公司會主動幫你的書籍申請 ISBN 國際標準書號。如果你是自己來的，你也可以自己向國家圖書館申請 ISBN 國際標準書號，而且申請書號不需要繳交任何費用。

你只需要準備書籍的書名頁、版權頁、目次紙本，並上網下載相關的申請表格填寫，把所有該準備的資料準備好，一起傳真給國家圖書館，就可以等待國家圖書館將你的書號資訊給你，並把書號資訊加入自己的版權頁內。

而「出版單位」，就是這本書到底是哪個單位出版的，也是在第一次申請書號時需要的資料，第二次之後就不必了。像本書的出版單位就是「展夢文創」，其他出版社的出版單位可能就直接是出版社的名字。

如果你是委託自費出版公司製作書籍，你可以直接依附在自費出版公司的出版單位裡頭，但如果你想自創出版品牌，不要用依附的方式，你也可以自己申請一個出版單位。

不需要是公司行號，個人也可以申請出版單位。那要如何申

請呢？一樣上網下載相關的申請表格填寫，這裡比較需要注意的地方是，你必須填上一個地址代表出版單位所在，如果你家的地址可以填，那就沒有什麼問題，但如果你沒有適合的地址可以填上，那該怎麼辦？

請去租郵局的「郵政信箱」！各地郵局都會有郵政信箱讓一般人申請，因為每個郵局的信箱數量都有限額，所以有些郵局的郵政信箱很搶手，都被人租滿了，有些郵局會有少數剩餘信箱，這部分得要碰碰運氣。

但並非每個郵局都會設郵政信箱，你可以先上郵局的官網查自家附近有哪幾家郵局有設郵政信箱，多問幾家郵局有沒有還沒被租出去的，如果真的都被租光了，你也可以留下聯絡方式，請郵局人員在有人把信箱退租時，通知你遞補。

通常郵政信箱每年的起租日是十月一號，所以你可以在起租日前後問郵局有沒有人退租，這段時間能遞補上的機率比較大。

郵政信箱地址就可以填在出版單位申請單的地址欄上，而郵政信箱的租借費用，目前訂價是每年三百元，非常便宜！而且申請信箱有個好處，如果有讀者要寄實體的東西給你，你又不想曝光自家的地址，請讀者把東西寄到郵政信箱是非常好的選擇。

想要知道申請 ISBN 國際標準書號和出版單位更詳細的流

程，可以直接上網查詢，已有人寫了詳細的步驟，照著做應該就不會有太大問題。

　　最後一點，有申請 ISBN 國際標準書號的書籍，在新書出版後，記得要寄一本給國家圖書館存查，這樣才算完成所有程序，你如果忘了寄或是不想寄，還是會遇到國家圖書館發正式書函來催繳哦，所以請千萬記得！

◎實體書印製◎

　　在書籍封面、內頁及 ISBN 國際標準書號都準備完畢之後，接下來就進入實體書印製程序了。而依照你的印量大小，你有不同的印製選擇方式，基本上分成兩類，就是「隨選列印 POD」和「傳統印刷廠」。

少量輸出：隨選列印 POD

　　隨選列印的意思，就是隨你的需求大小而印製書籍，沒有起印量，就算只印一本也可以。它的製作方式，就像電腦連著一台印表機，你只要把檔案傳入電腦，印表機就可以列印出檔案來。

　　這種印製的方式，好處在不管幾本都可以印，但每一本的印製成本很高，書籍的定價也會跟著變高，不利於大量銷售。

　　而可以提供隨選列印的地方，比較大型的影印店就可以了，像參加同人展的業餘作者們最常使用的就是這種方式，如果你是找自費出版公司，自費出版公司也能提供這種少量出書的方式。

　　網路上有不少提供少量輸出的公司，因為書籍輸出的數量少，大都採用網路交檔案，公司確定檔案沒問題後，就會進入實體書製作程序，印完後以郵寄或宅配的方式寄送實體書給作者。

大量印刷：傳統印刷廠

　　如果你一本書的印製量在四、五百本以上，就可以考慮傳統的印刷廠，因為傳統印刷廠的大量印刷方式，可以壓低每一本書的印製成本，印的量越大，每一本書的印製成本就會變得越低，賣出後可以得到的利潤空間也更大。

　　自費出版公司都有自己固定合作的印刷廠，所以如果你是委託自費出版公司製作，就不用擔心印刷的環節。如果你要自己找印刷廠印，可以去翻實體書，實體書的版權頁會記載是哪間印刷廠印的，但不一定每本書都有寫，所以你需要多翻幾本找資料。

除此之外，你也可以上網查找看有哪些公司也承辦印刷業務，當然是能靠近自己居住地的印刷廠，對你來說會比較好。

　　一般出版社都會派人去印刷廠看印刷人員試印一份出來的「打樣」，如果是黑白色的內頁，一般來說問題不大，但彩色封面就是顏色出入比較大的部分，為了確保印刷顏色效果不會與原檔差太多，出版社就必須派人去看打樣，並與印刷人員溝通協調。

　　所以如果你自己找印刷廠印，如果你是比較細心、比較要求的作者，你為了確保印刷的品質不會與檔案差太多，你也得自己跑印刷廠看打樣，這是比較麻煩的一件事，如果印刷廠又離自己的居住地很遠，更會多添交通上的麻煩，這部分就看你自己有沒有多餘的時間與心力應付了。

　　不過自己找印刷廠印，的確會比委託自費出版公司便宜，只是所有麻煩事以及印製的風險必須自己扛起，不可不小心謹慎。

注意！印刷環節容易出問題

　　在所有實體書製作的流程裡，如果在印刷環節出問題，是最麻煩的一件事！或許你會認為，你的內頁檔案都沒問題、封面檔案也沒問題，把沒問題的檔案交給印刷廠印刷，當然也不會出什

麼問題，不是嗎？

　　你如果真的這麼想，就把印刷這個環節想得太簡單了！書籍內頁除了印刷之外，還會經過裝訂、裁切等等的流程，絕不是單純印刷出來就沒事了。在這個環節，最怕出錯的地方，就是在裝訂時把頁數順序搞錯了，導致一本書跳頁、漏頁，只要一出現這個問題，整批書等於就全部毀了。

　　就連一般的出版社，也會不時遇到印刷廠在裝訂時把頁數順序搞錯的問題，而我也看到好幾例作者自己製作個人誌時，也遇到頁數順序出問題的事，所以當你從印刷廠那裡收到熱騰騰剛出爐的實體書時，請一定要拿出其中一本書，從頭到尾翻一遍檢查，除了檢查印刷效果以外，也要確定頁數順序沒問題。

　　有些出版社、個人出版的作者就因為沒有發現頁數順序出了問題，直接就把書寄給讀者或上架實體及網路書店賣出，等到讀者發現書籍有問題，出版社和作者才開始想辦法善後，這時候頭就大了，而且有形無形的損失都會變得非常多。

　　所以不管你是委託自費出版公司印書，還是自己找印刷廠印書，收到成書時一定都要先檢查才行！

　　如果真的遇到書籍印製出了問題，自費出版公司會負責協商賠償事宜，但如果你是自己找印刷廠，那麼你就得自己找印刷廠

協商，這會是一件很耗心力的事。

我曾看過一位作者，因為他的印量很小，沒有多少本，所以承辦業務公司很乾脆的重新補印給他，他倒是沒什麼損失，只是必須延後把書寄給讀者的時間。

我也曾看過不只一位作者，因為他們的印量大，印刷廠如果全部重印，損失的金額不小，因此開始出現推託之詞，不想負全責，也因此讓作者又氣又惱，多添了很多麻煩與損失。

所以在印刷這個部分，如果你的印量不多，還是可以自行處理，風險比較不大，但如果你的印量很多，我會傾向委託自費出版公司處理，如果印刷過程順利那是最好的結果，但如果真的很不幸遇到印刷出問題，至少還有自費出版公司會出面幫作者向印刷廠協商負責問題，不必作者自己勞心勞力的與印刷廠交涉。

我的建議是較保險但會付多一點費用的做法，你可以選擇自己想要的做法，特別注意有可能會發生問題的地方，就可以大幅避開麻煩與損失。

不知該印多少書才好？請開印量調查

如果你是第一次出書，不知道會有多少讀者買你的書，所以

也不知該印多少本書才好，最簡單的解決方式就是開印量調查！

　　現在的網路很發達，有很多免費工具可以使用，你只要使用 Google 表單的方式，設計一份簡單的印量調查，請讀者們上網填寫購買意願，你就能抓出自己的基本賣量大概在哪裡，就不會多印太多反而虧錢。

　　等到你知道已有多少讀者確定會購買後，在這個基本人數上再加個十本或二十本，就是你應該印的基本印量。

　　至於為什麼要再加個十本或二十本，那是因為，實體書籍多多少少都會有瑕疵品出現，像嚴重的碰撞瑕疵就是一例，所以自己賣的作者一般都會多印一些數量，好防範書籍出現瑕疵時可以有多出來的餘書遞補更換，之後多出來的書量也可以繼續販售，甚至瑕疵書也可以用較低的價格出清，依然會有人買。

◎書籍庫存◎

　　實體書印出來後，接下來就要處理庫存問題了，如果你的印量是按照購買人數而定，沒有多印太多，那麼只要把書迅速寄出去給讀者，就不會有什麼太大的庫存問題存在。

　　但如果你的野心比較大，想要擴展自己的市場，因此多印了

不少書，這時候就要考慮庫存問題了。

　　如果你是委託自費出版公司出小說，自費出版公司一開始可能會提供免費庫存的服務，讓你的小說暫放在公司的倉庫內，讓倉庫人員能方便出貨給網路書店或實體書店。但他們免費庫存大多是有時間限制的，可能是一年左右，一年後如果你的小說庫存量還是很多，自費出版公司就會開始收倉儲費用，如果你不想付倉儲費，那麼自費出版公司就會把剩餘的庫存書寄還給你。

　　如果你家空間夠大，有倉庫可以放東西，那麼多擺幾箱庫存書還不是什麼大問題，但如果你家空間很小，實在沒多餘的空間放東西，那麼還沒賣出去的庫存書就會變成你極大的壓力所在。

　　所以在書籍印量方面，你真的要好好斟酌印多少，可以多印，但不要多印到你無法放置庫存。但如果你有本錢多付倉儲費用，你可以多印沒關係，只不過多出來的倉儲費用會慢慢吞噬掉你原本賣書的利潤，倉儲得越久，可能你一開始賣書的利潤還有點小賺，接著變成打平沒賺錢，到最後反而變成在虧錢了！

第八章：書籍成本與售價、出版資金管道

◎「錢」可以是問題，也可以完全不是問題◎

上一章介紹完實體書的製作流程後，現在我們要來講與「錢」有關的問題，除非你只販賣電子書，要不然想出實體書，就會遇到印書的資金問題。

這可以是問題，也可以完全不是問題，就看你要用什麼方式解決。你可以自己先花錢印書，再靠賣書把付出去的錢賺回來，但你也可以不必花自己的錢，就有資金把書印出來。

怎麼做？後面的段落會一一介紹，而在這個部分，我們第一個要來考量的問題是——實體書的成本與售價。

◎成本與售價之間，必須取得平衡◎

一本書的成本，可以很高也可以很低，就看你用什麼印刷方式，少量輸出會偏貴，優點在少少幾本也可以印，傳統的印刷廠印書會比較便宜，但缺點就是起印量必須比較大。

如果一本約三百頁的小說，用少量輸出的單本成本可能就要

兩百元，用傳統印刷單本成本就有機會壓在一百元上下，但正確的單價還是得看印刷廠的報價，如果你印刷的量在五百本以下，不知道到底用哪種方式印會比較省錢時，就要請自費出版公司或印刷廠兩種印製法的單價都報價給你，你才能做正確的選擇。

然而你以為一本書的成本就只有印刷費用嗎？如果你有額外請人幫你畫封面插圖，封面插圖的費用也得加上去。總而言之，你為了製作這本書所花出去的各種費用都要加上去，才是你出一本書的真正成本。

另外，你絕對不要被「印刷廠的單本成本較便宜」這個迷思給誤導，而毫不猶豫的選擇傳統印刷方式，因為這種印刷方式就是一定要印量多，平均單價才會低，但如果買你書的讀者根本沒這麼多，你印越多只是越虧錢，並不會得到傳統印刷單價低的好處。

試想，如果一本約三百頁的小說，有兩百個讀者要買，用少量輸出可以只印兩百本，一本成本兩百元，而傳統印刷起印量是五百本，一本成本一百元，這兩種方式你必需花多少印製費？

少量輸出：200 元 × 200 本 = 40,000 元

傳統印刷：100 元 × 500 本 = 50,000 元

如果書籍定價兩百五十元，真的只賣出兩百本，這兩種印刷方式最後到底賺錢還賠錢？

少量輸出：250 元 × 200 本 − 40,000 元成本 = 10,000 元
傳統印刷：250 元 × 200 本 − 50,000 元成本 = 0 元

如果用少量輸出，你可以淨賺一萬元，但如果你用傳統印刷，反倒沒賺錢，原本至少可以賺到的一萬元反倒全都變成額外多印的三百本書！如果你實際賣書的數量根本沒有兩百本，那就真的虧錢了，但你也可以選擇提高售價，只不過就算提高售價，你用傳統印刷的方式利潤還是沒少量輸出的多。

但如果你有辦法賣掉那多出來的三百本，你就真的賺了，會賺得比少量輸出要多很多！所以到底印多印少，一切還是得量力而為，但如果你本錢多，也希望能擴展自己的市場，的確還是得多印一點，才不會沒有多餘的書繼續賣。

那在確定單本書的成本多少錢後，你要如何訂價？在這裡必須考量的一個重點是——你是要完全自己賣，只賣給自己既有的讀者，還是打算在實體書店及網路書店上架？

只自己賣：隨你心意訂價

如果你選擇只自己賣，這最簡單了，看你一本書的成本是多少錢，往上加你覺得自己應該得到的利潤價錢，就是你的售價。你也可以參考市面上同類型及厚度的小說訂價大概落在哪裡而決定你的書價，你甚至想把售價訂多高都可以，只要你確定，你的粉絲願意買單，覺得你寫的小說值這個價，那就沒什麼問題。

通常個人誌因為印量低，單本成本高，賣完可能就不會再版，所以作者們的售價都會訂得比市面上的書要高一些，而死忠的讀者會願意買單，就只為支持自己的作者繼續出書，也是給作者的一種實質鼓勵。

而有些非常小眾領域的工具書，作者出書的書籍訂價就很高，最主要的原因是沒人跟他搶市場，這樣子以高單價默默的賣，賺到的利潤也很可觀。

上書店賣：剩餘利潤有多少一定要注意

但如果你打算委託自費出版公司經銷到網路書店與實體書店上架的話，要考慮的部分就比較多了，其中的第一個關鍵就是

──書店的進貨價格。

　　一般網路書店與實體書店的進貨價格，在書籍訂價的四到五成，這表示如果你的書籍訂價兩百五十元，書店賣出去後，不會給你兩百五十元的貨款，只會給你四到五成的貨款，所以是──

$$250 \,元 \times 0.4 = 100 \,元$$
$$250 \,元 \times 0.5 = 125 \,元$$

　　網路書店與實體書店賣書也是要賺利潤，不管他們以幾折的價錢賣書，你能拿到的就是書籍訂價的四成到五成，也就是一百元到一百二十五元之間。

　　如果拿前頭少量輸出一本成本兩百元的例子，你上書店賣，每賣一本就虧一百元，完全划不來，如果是用傳統印刷一本成本一百元的例子，你靠著書店賣出一本書，可能沒有賺錢，也可能只賺二十五元！

　　只賺二十五元？不就和給出版社出，領出版社的版稅一樣，賣一本書只賺到訂價百分之十的錢，那我為什麼還要自己花錢出？是不是？

　　因為書店通路的進貨價格就是這樣子，所以少量輸出的書

非常不適合上網路書店及實體書店賣，原因就在單本書的成本太高，而用傳統大量印刷的方式才有可能在書店通路上得到些許利潤。

因此要上書店通路賣的書，每本書的成本控管至少要在書籍訂價的四成以下，最好是三成，這樣才可以確保書店每賣出一本你的書，你至少還可以拿回一成至兩成的利潤，不至於做白工甚至還虧錢。

如果你要確保賣書不會虧錢，除了盡可能節省書籍的製作成本以外，另一種方式就是提高書籍訂價，讓成本維持在訂價的三成，就會變成這樣——

少量輸出：200 元成本／ 0.3 = 667 元訂價
傳統印刷：100 元成本／ 0.3 = 334 元訂價

少量輸出的成本高出傳統印刷一倍，因此訂價也會變得高出傳統印刷一倍，但一本三百頁的小說賣六百多塊有誰要買？除非你賣的重點根本不是小說，而是小說其他的附加價值，像是買書就可以和作者一起喝一次下午茶之類的，這樣很有可能你訂價一千元也會有人買！

<u>自己賣其實很重要！</u>

看到這裡，你應該明白，為什麼出版社賣書賣得這麼辛苦了吧？因為透過網路書店與實體書店賣書，一本書能回收的利潤其實不高，所以如果一本書不能賣出個兩、三千本，以高額的賣量衝出可觀利潤，真的很難生存得下去。

所以粉絲基數並不多的作者，自己賣的優勢好過在網路書店及實體書店上架，不但不必打折，可以照原價賣，也會賺得比較多，且虧錢的風險非常小，無論如何都能小賺一筆，少則幾千塊，多則幾萬塊都有可能。

就算你還是想把自己的小說上架網路書店及實體書店販售，就為擴展自己的市場，讓更多有可能買書的潛在讀者發現你，那我建議你，多多少少還是要自己賣一部分。

因為書店通路已經習慣玩打折戰術，所以你自己賣的時候也得跟著打折，要不然買貴的讀者會挺不平的，但就算你跟著書店的手法打折賣，新書賣個七九折，書籍成本控管在三折，表示你可以賺回的利潤高達書價的四成九，將近五成，比只能拿回一到兩成的利潤要高太多了。

你自己賣一部分給自己的死忠粉絲，至少可以迅速回收一部

分的書款，把基本可以賺到的先賺回來，其他的就交由書店賣。而且書店賣的書款，因為結算制度的原因，你可能要等半年之後才能陸續回收，所以如果你需要賣出的書款好繼續印製下一本新書，那麼等書店的貨款你會等得很辛苦、很煎熬。

講完了成本與售價之間的問題之後，我們接著要來探討的是——印書的資金管道。

◎印書資金有方法，可完全不需要本錢◎

一般人自費出版，最常用的方式就是拿自己的存款先付了出書相關的所有費用，等出書之後才靠著賣書一本本把付出去的錢再賺回來，這麼做是比較方便且省事，而且不會有太多額外的麻煩，因此想省事且工作忙碌的人，一般來說還是會用這種方式出書。

但如果你真的很想出書，但真的沒有多餘的錢先付出書相關的所有費用，該怎麼辦？難道就不能出書了嗎？其實要解決這個問題很簡單，就是——開預購活動預收款項！

第八章

預購模式

　　這是許多出個人誌的作者會使用的方式，他們在大約知道書籍的成本與可能購買的人數，在訂出賣書價格後，就會開始發布出書訊息，並請讀者預購。

　　他們會請要預購的讀者先匯書款給作者，等預購期結束後，他們已經完整收到從讀者那裡先收來的書籍成本及販售利潤，再用這一筆預收的錢去付清所有出書的費用，不必事先自己掏腰包付錢。

　　這種做法也是結合 Google 表單使用，作者會先公布自己的郵局或銀行匯款帳號，讓讀者自行用 ATM 轉帳或去郵局辦理匯款，等讀者匯款完後，作者會請讀者自行上網填 Google 表單，告訴自己的匯款時間、金額、匯款帳號後五碼，好讓作者可以做對帳的動作。

　　這種做法的好處，就是作者可以在沒有出書本金的狀況下還是能出書賺錢，只不過如果預購人數太多，一筆一筆匯款的款項需要經過對帳程序，可能會對得頭昏眼花就是。

　　然而這種預購模式有一個關鍵處，必須要讀者足夠信任作者，才會放心的先把預購款匯給作者，所以作者必須早早就和自

己的讀者有良好的互動,把基本的信賴度打理好,才能順利用這種不需本金的方式出書賺錢。

　　另外還有一個必須注意的重點,千萬不要在你的小說還沒寫完時,就開始辦預購預收款項!如果你已經事先收了款,但最後小說卻因為種種原因沒有完成,這樣就會引來不小的購買糾紛,要一筆一筆的退還書款也是很麻煩且頭痛的一件事。

　　我之所以會特別提醒,是因為真的有發生過這種事情,而且不只一例,所以保守起見,務必先完稿再開預購,對你和你的讀者都是一件好事。

群眾募資

　　另外還有一種不必自己出本金的方式,叫做「群眾募資」,這是近幾年興起的一種網路募款方式,你可以在網路上做提案,宣傳自己想做的任何創意內容,請願意支持你、想購買你的產品的群眾先付費贊助,在臺灣以「嘖嘖」和「flyingV」做代表。

　　這一類的募資平臺,都會設定募款成功的金額是多少,並且必須要在一定的時間內達到募款額度,如果募款時間結束卻沒有達到預定的募款金額,平臺就會把原本已經募集到的款項全額退

費給支持群眾。

　　以小說類來說，已有幾例嘗試用群眾募資的方式募集較大額度的出書款項，有失敗也有成功的，然而成功的案例，是靠著作者自己的親友群及舊有的讀者群而募款成功的，純粹的新作者、沒有粉絲群的新作者，想靠這種方式募資，難度可想而知，肯定會高非常多。

　　這一類平臺要能募資得好，除了產品性質是不是大眾想要的以外，最重要的關鍵還是在「宣傳推廣」，就像小說能不能賣得好，除了故事本身好不好以外，宣傳推廣得夠不夠，也是很關鍵的原因之一。

　　但為什麼我還要把群眾募資這個方式讓你知道？就像之前曾提到的，任何事情都會有例外，或許你就是能創造出例外的那個人！

第九章：實體書販售方式

◎書籍出版了，才是戰鬥的開始！◎

經過了寫小說、實體書籍檔案編輯、出書資金的準備後，熱騰騰的實體書終於印製出來了，我們也終於能喘口氣了，是吧？

你是可以暫時喘一口氣，但休息完後，要快快重新拿出動力及熱情，因為書籍出版後，才是真正的戰鬥開始！

接下來，我們要面對的是實體書的各種販售方式，這裡要分成委託自費出版公司的部分以及自己賣的部分，各種方式的好處與壞處，我都會提出來，讓你可以自己參考選擇。

沒有哪種方式有絕對的好與壞，各有利弊，只能多多評估，然後選擇對你最有利的，這樣就對了。

◎委託自費出版公司上架書店等各種通路◎

如果你想要在網路與實體書店上架，委託自費出版公司是最方便省事的事，因為自費出版公司已經與各網路及實體書店建立起合作關係，你不必再一個一個書店自己去洽談，勞心又勞力。

　　另外如果你自己接洽了這些書店，而這些書店也願意進你的書，那你接下來會遇到的問題是，你得一直因應書店向你下訂單而不斷的寄貨給書店，又或者是收書店的退貨，在出貨與收退貨之間無限循環。

　　如果你不想把時間浪費在一直出貨與收退貨上頭，委託自費出版公司真的是個不錯的選擇，這樣你省下來的時間，可以去做其他更有意義的事情。

　　但如果你出的小說是特殊文類，想鋪貨去只賣特殊文類的獨立書店，但這間獨立書店並沒有和自費出版公司合作怎麼辦？有兩種方式，一種是詢問自費出版公司可不可以去接洽這一個新的獨立書店通路，另一種方式就是自己去洽談了。

　　接下來我就一一介紹，委託自費出版公司鋪貨，會有哪幾種主要的通路管道。

網路書店通路

　　網路書店現在已是各個出版社賣出書籍數量最多的管道，超過實體書店，可以說是最重要的管道。委託自費出版公司，一般都能順利上架到幾個較大型的網路書店通路，讓所有想買書的

人，都能在網路上方便買書。

但是如果你以為將書上架網路書店就能大賣，那是不太可能的，尤其小說類的書大多不好賣，如果你沒有特別的宣傳推廣，你的書就只是網路書店茫茫書海內的其中一本書而已，過了新書期之後，能得到的關注度其實不大。

但上架網路書店，的確能讓你額外賣出一部分的書，讓你得到一部分額外的新讀者，讓讀者在搜尋同類小說時，也同時看到你的書，讓你多一個有可能賣出的機會。

實體書店通路

而自費出版公司也與幾個偏中、大型的實體書店通路有合作關係，可以順利把貨鋪進這些實體書店，但我想告訴你的是，要不要把書籍鋪貨到實體書店，你必須慎重考慮其中的利與弊。

現在越來越少人去實體書店買書了，因此實體書店的數量一直在萎縮，書籍成交數也一直下跌。另外，通過實體書店鋪貨，你很有可能只賣出少少幾本書，卻會回收好幾本再也無法賣出去的退書，不但沒賺什麼錢，還多了許多沒有必要的書籍耗損！

為什麼會出現書籍耗損？其中一個原因是書籍在運送過程中

遇到外力碰撞，而傷害了書籍，另一個原因是，實體書店的書有可能會被客人翻閱，翻著翻著，你的書就被翻髒、翻爛、書頁有折痕了，客人不會買被翻髒的書，他會另挑新書，要不然就直接上網路書店買全新沒被翻過的，實體書店也只能把被翻髒的書當成退貨，退還給出版社。

有些實體書店為了保護書籍的乾淨，會很細心的幫書籍上透明塑膠袋，所以就算退貨，退回來的書籍狀況還是很良好，還是可以繼續賣。而有些出版社為了降低書被翻髒的耗損，乾脆直接把新書上封膜，但還是多多少少會遇到有人刻意拆開來閱讀。

名不見經傳的小作者，鋪貨實體書店只會遇到大量的退書，而且是有可能高達九成的退書量，能賣出去的本數實在不多，整體的弊大於利，所以除非你是頗有知名度的名家，肯定能賣出去不少書，要不然實在不建議非得鋪貨到實體書店不可。

特殊機構通路

除了網路書店與實體書店以外，自費出版公司還會開發一些特殊通路，例如大賣場還有各公私立的圖書館，這類機構也是一般人較不容易碰觸到，也比較難自己去開拓的。

　　另外經由自費出版公司的合作單位，你還有可能把自己的書賣到海外，像我就遇過馬來西亞的讀者透過相關管道購書，順利拿到書的例子。

◎**自己販售的方式**◎

　　如果作者是自己出書自己賣，並沒有委託自費出版公司上架其他通路，一般來說會用接下來的幾種方式賣書。

郵局寄送

　　郵局是大家最常使用的方式，郵寄費用比較便宜，而且要寄海外也可以。如果你寄書的量很大，還可以打電話到住家附近的郵局去，請郵局派車來一次將包裹全都載走，就不必自己辛苦的把所有包裹載到郵局去寄出了。

網拍取貨付款

　　現在網路拍賣網站興盛，網站的金流建立得也很完善，賣家

與買家可以直接在網路平臺上交易。網拍平臺通常都會提供便利商店取貨再付款的服務，非常方便，不必先預購付款，只要去領書的時候再付款就好，少了一道匯款的程序，會讓買家買書的意願更高，所以千萬不要小看取貨付款這項功能對讀者的吸引力。

不過用網拍賣書要注意的地方是，有些平臺會收成交手續費，有些平臺沒有，成交手續費大概都在售價的百分之五以下，雖然金額不多，但如果書籍售價高的話，成交手續費也會變得有些高，這就要看你能不能接受了。

還有一點就是便利商店取貨付款的運費通常比郵寄要貴，這會是讓人考慮要不要使用的一個地方，但如果買家一次買多本書，書籍總重量超過一公斤，反倒會變成便利商店取貨付款的運費比郵寄便宜，這是要注意的一個地方。

現在網拍平臺競爭激烈，為了彼此搶奪市場及用戶，有時候網拍平臺會推出取貨付款免運費的活動，買家賣家都不需付運費，全由網拍平臺自行吸收，如果有遇到這種活動，就能趁機運用一番，買家賣家都能省下一筆運費，也是很吸引人的事情！

同人誌販售會場

　　還有另一種賣書的方式，就是去同人誌販售會場直接販售，但這種方式有許多限制，第一個限制就是每一場販售會都有攤位限制，你必須先報名，如果報名人數多過攤位數量，就得用抽籤方式決定誰能申請到攤位，就勢必會出現有些人沒有得到攤位，因此也就不能擺攤了。

　　如果你是想去同人誌販售會開拓新市場，想吸引新讀者來買書，那麼困難度會很大，因為小說不像圖畫類的作品，讀者只要在攤位前翻一翻就能決定合不合自己的胃口，因此能賣給新讀者的機率不大，況且因為同人誌展場的性質因素，大部分來的購買者目標多是二創圖文，對原創小說較沒興趣，所以也不好推廣。

　　不過倒是有些個人誌賣量大的作者，把同人誌會場當成「領書地」，直接申請一個攤位讓會來參加販售會的讀者領書，省去寄送的麻煩，而讀者們也可以趁機一睹作者的真容。

　　其實去同人誌販售會，較大的樂趣是作者和讀者可以近距離接觸，像個小型粉絲見面會，這是其他販售方式無法辦到的事。

　　與實體書相關的部分就在這裡告一個段落，而我們接下來要談的是——電子書。

第十章：電子書製作販售方式

◎電子書零成本，賺外快也不錯◎

雖然電子書從約十年前就開始興起，但較成熟的是英美語系的市場，外國人有比較高比例的買電子書習慣，因此出版社會將實體書與電子書同時發行，滿足兩種閱讀習慣區塊的讀者。

然而在中文市場，電子書的使用習慣尚未成熟，也不確定什麼時候才能成熟，聽說目前電子書的營收數字在臺灣各家出版社大都只占百分之二，絕大多數的營收來源還是靠販賣紙本書，因此你如果想要賺比較多的錢，目前的階段還是賣紙本書會比較容易。

但電子書出版可以達到零成本，所以多一條電子書販賣的管道，是一件好事，當成額外賺外快的方式也不錯，能賣出一本就等於額外多賺一本了。

所以我還是要稍微介紹一下與電子書相關的事情，讓大家可以多一個參考選項，也能多一種販售方式，讓金錢有機會從各種管道向你湧來，不只局限在實體書。

◎電子書的製作方式◎

電子書的閱讀，有它需要的檔案格式，相較於很多圖片的圖文書或雜誌，純文字的小說轉成電子檔要容易且簡單多了，只要懂得基本操作也就大致足夠。

當然只要有錢，你可以找到不少公司幫你把文檔製作成精美的電子書格式，但一本書要價至少也要好幾千塊，如果可以自己來，直接省下這幾千塊的製作費，不是很好？

而現在臺灣的電子書販售平臺，越來越進化，不但提供簡易的檔案上架方式，也努力在開發海外市場，自己製作自己上架，至少可以省下委託中間人必須付出去的中介費用，能收回的利潤也更多。

這些電子書平臺提供各種檔案形式的上架方式，大致上有三種檔案型態，以下會一一介紹。

Word 檔

這是大家寫小說最常使用的文書處理軟體，部分電子書販售平臺為了方便不會製作電子書檔的作者，可以接受作者直接用

133

Word 檔上傳作品，再經由電子書平臺內部的程式轉檔成電子書格式上架，因此用 Word 檔對大家來說，是入門困難度最低的方式，可以好好利用。

但如果你的檔案內包含圖文，就要小心電子書平臺內部轉檔後會不會出現圖片位置跑掉的問題，或是圖片根本顯示不出來的問題，所以上傳轉檔完之後，記得要用平臺的試閱功能檢查一下狀況，免得內容出了問題。

PDF 檔

會使用 PDF 檔上架成電子書的書籍，比較偏向內頁是圖文交替的，而非純文字，因為圖文交替的書籍有版面編排的問題，直接用 PDF 檔上架能確保版面不會跑掉，能和紙本書呈現一樣的版面狀態。

但用 PDF 檔不利在各種不同大小的閱讀器上閱讀，因為版面已經固定住，無法因應閱讀器的大小調整，頗多限制，因此有些電子書平臺開始不接受 PDF 檔上傳，這是要注意的地方。

EPUB 檔

EPUB 檔是目前電子書市場的公認流通檔案，因為程式的設計就是用網路版面編排的方式撰寫，所以可以因應不同的閱讀器大小調整閱讀版面大小，甚至可以讓使用者自己調整字體大小，因此也是最適合拿來當電子書閱讀的檔案。

只不過要自己製作 EPUB 檔就必須使用相關軟體製作，網路上有許多可以製作 EPUB 檔的軟體，有些免費有些需要付費，免費軟體中推薦使用「Sigil」和「Cailbre」，這兩款軟體都有中文版，而網路上也有不少電子書製作的教學文，大家可以自行尋找參考。

有了可以上傳做電子書的檔案後，接下來我們就要來介紹電子書的販售管道了！

◎電子書的販售管道◎

目前臺灣可以提供個人上架的電子書平臺，大概以「Pubu」、「Readmoo」、「Google Play」為主，每個平臺賣出一本電子書，都會收取約三成上下的平臺服務費用，這點需

要留意。

Google Play 之前本來不接受新的出版單位申請,但最近我試著去申請,居然在過一段時間後收到 Google 寄來的邀請信,邀請我加入出書計畫,所以有需要的人還是可以去試看看,如果還是不行的話,目前 Readmoo 有提供代理上架到 Google Play 的服務,你也可以考慮,只不過經由 Readmoo 代理上架,你的電子書如果在 Google Play 賣出去,必須付售價一半的代理費給 Readmoo。

想要上架電子書,我想大家的期望之一就是希望能賣到海外的華人市場,如果能申請到 Google Play 的帳戶,那麼機會就會變大,而且還可以自己上架自己賣,完全不需要再透過中間人,可以達到完全的自主。但是如果沒有相應的宣傳推廣方式,你只是單純把電子書上架到 Google Play 而已,是賣不太動的,所以請不要把期望放得太高。

然而我想應該會有人期望靠電子書進入大陸市場,但目前大陸實施圖書管制,不但紙本書需要經過國家機構審核才能出版,就連電子書也必須經過審核才能在大陸上架,因此想靠個人的力量進到大陸的電子書市場,目前還不太可能。

不過 Pubu 有和相關的通路合作,有機會把電子書賣到大

陸的電子書平臺，以及中國亞馬遜及全球亞馬遜，如果大家有興趣，或許可以透過 Pubu 這個管道試試，這項代理服務必須另外和 Pubu 簽約，並不是只要在 Pubu 的電子書平臺上架，平臺就會主動把你的電子書代理到大陸的電子書平臺。

至於我為什麼說經由 Pubu 代理「有機會」進到大陸的電子書平臺，就是因為經由 Pubu 的管道，還是得經過大陸方審核，確定沒有任何違禁字眼及內容才能上架，因此像是情色小說、內容牽扯到敏感政治的這類特殊題材，就算有電子書的管道，還是進不了大陸市場，這一點要特別注意。

另外，雖然有許多個平臺可用，建議大家還是挑幾個平臺來集中購買力就好，因為每個平臺都有不同的提領金額門檻，有些只要收入達到幾百塊就能提領，有些必須到達千元才能提領，如果購買人群分散在不同的平臺，每個平臺的收益卻都不到提領的最少額度，那麼就頭痛了。

然而不管是販賣實體書或電子書，你覺得只要能夠順利上架銷售平臺，就可以讓它自己賣了嗎？其實不管是實體書或電子書，想要賣得好，你一定得做的一件事就是——宣傳推廣！

第十一章：宣傳推廣方式

◎想要自己賣得好，這裡才是重點之重點！◎

不管是什麼東西，都需要宣傳推廣，才能夠大量的賣出去，要不然廣告業不會從以前到現在始終盛行不衰，各大企業在廣告預算上砸錢始終毫不手軟。

因為有曝光就有機會成交生意，沒有曝光的話……你會連成交的機會都沒有！

所以，這裡才是本書重點之重點，因為不管你用什麼方式出書，不管是傳統投稿、個人出版或是出電子書，都只是一種出版形式，如果缺了宣傳推廣，不管你用什麼方式出書，書都賣不出去，所以這所有環節中，最最重要的重點其實不在「怎麼出版」，而是在「怎麼宣傳推廣」。

因為這一點很重要，所以我只能不厭其煩的解釋，如果你的想法一直局限在「怎麼出版」，因而在傳統投稿方式和個人出版之間猶豫掙扎，或是認為出電子書不需要成本最省事且自由，因此拚命上架電子書，那麼你都只「完成出版」這一個動作而已。但你如果真的想要靠小說賺錢，你更應該關注的是「怎麼宣傳推

廣」、「怎麼賣」這兩件事，因為這才是真正能影響你的書賣多賣少的關鍵之處，也是你寫的小說能轉變成金錢的原因所在。

如果你關注的重點錯了，那麼結果也會是錯的。出版歸出版，賺錢歸賺錢，書出版了並不等於就能賣出去，有宣傳推廣才有賣出去的機會，所以你如果以為只要出版了就能賺錢，因此一直糾結到底該怎樣出版比較好，卻渾然不覺你腦袋中「出版等於賺錢」這一條想法程式本身就是有問題的，那麼最後你自然無法賺到錢，就算有賺到錢，也沒有你本來想像的多。

再強調一次──你想靠寫小說賺錢，最大的重點不在你用什麼方式出書，而是你如何宣傳推廣賣你的書！

在過去的時代，只有企業公司有辦法做宣傳推廣這一類的事情，所以不管要賣什麼東西，都得經過較有規模的企業公司不可，但網路的出現完全打破了這種限制，讓一般人也可以透過網路的散播力量自己宣傳推廣自己的產品，達到自產自銷的目的，省去透過中介商賣東西而必然會出現的利潤下降。

這就是為什麼現在個人賣家越來越多的原因，只要善用網路工具，就可以自己打廣告到世界的任何角落，或許還不必出半毛錢，而且還可以靠自己賣出最大的利潤，不用再分給中介商。

就連各大品牌公司，雖然還是會與中介商合作，但也會開發

自己的購物官網，努力用網路廣告將消費者直接導入自己的購物官網買東西，就是希望能盡量省掉中介商的銷售。

　　所以我們也要懂基本的網路宣傳推廣方式，這對我們的幫助會很大。你千萬不要覺得現在當小說作者很可憐，除了寫稿之外還必須自己搞宣傳推廣，非常悲哀，這種負面心態會阻礙你往成功之路邁進，最後你就真的會變成「很悲哀可憐的小說作者」。

　　你應該要想，只要自己會了宣傳推廣方式，不必靠其他人，自己就可以生存，這是多麼棒的一件事？以前沒有網路的時候，你想自己宣傳推廣還辦不到，現在的環境讓你有可以自己來、自己創造成功的機會，如果你不能好好把握，那就太可惜了。

　　你只要比一般的作者多了自己宣傳推廣的能力，你就比一般作者多了不少成功的勝算，就算你以後不寫小說了，多了這項知識，你也可以應用在其他地方，絕對不會沒有任何幫助。

　　基本上，實體書店的宣傳推廣方式，都需要付費，而且一付出去都是一大筆費用，除非是大賣的小說，要不然付出去的宣傳費用遠遠大過賣小說賺回的錢，並不適合個人出版者，所以在這個章節，我就直接省去實體書店的部分，著重在我們可以自己來且不需要額外花錢的網路宣傳推廣部分。

　　所以你準備好了嗎？如果準備好了，我們第一件事，就是要

來重新認識「粉絲經營」這件事。

◎吸引粉絲，你做錯了哪幾件事？◎

在這個臉書時代，不經營個粉絲專頁似乎就不是個合格的作者，甚至聽說有些出版社還會看作者的粉絲專頁人數來決定要不要出這位作者的書，因此現在的作者如果沒有自帶人氣，還真難透過出版社的管道出書。

而開設粉絲專頁的確有好處，可以不必花錢就能在網路上凝聚你的粉絲，而且可以直接與粉絲們互動，甚至可以直接對著自己的粉絲賣書，不需要再透過出版社的流程。

然而你如果想對自己粉絲專頁內的粉絲賣書，你就必須先想想，你到底都吸引來哪些性質的粉絲？

你的粉絲只為「免費」而來？

有些作者一開始寫小說，是直接在網路小說平臺上寫作，所以內文都是公開的，有些讀者看著看著，喜歡上你的小說，進而追到你的粉絲專頁來，成為你的粉絲之一。或許你會很開心，自

已終於又多了一個粉絲，但你有沒有想過，這個粉絲是因為你「免費」公開小說才成為你的粉絲，如果你的小說轉成付費的，他會付錢嗎？

不一定，但可以說，有很高的機率是——不會。

所以你去各種標榜「免費閱讀」的網路平臺打廣告，所吸引來的粉絲購買力基本上都非常低，十個裡面有一個願意買你的小說就已經很好了，很多時候十個裡頭連一個都沒有，只會讓你很辛酸喪氣。

但如果你的粉絲專頁沒有人氣，也不是一件好事，所以適時的宣傳推廣還是必須的，至少這些人是真的喜歡你的「小說」才會聚集到你的粉絲專頁，如果你用心經營的話，或許真能讓這些粉絲有比較高的比例願意花錢購買你的小說。

而且粉絲的行為是需要「教育」的，你如果可以讓原本看免費小說的粉絲認同付費支持創作的理念，那麼粉絲的購買行為就會慢慢被你導正，真的成為支持你的一個力量。

在這裡的重點是，你不要特別強調「免費小說」這件事，而是自然的以自己的小說吸引讀者進來，這樣就好了，越是強調免費，吸引來的讀者就越是不會付費，不強調反而會比較好。

然而怕的是，你的粉絲不是為「小說」而來，那就頭痛了。

你的粉絲是為了小說「以外」的東西而來？

有些小說作者的宣傳推廣，走其他招式，不以推廣自己的小說為主，而是推廣小說以外的其他東西。

不說其他的例子，直接拿與小說相關的例子好了，就是——小說寫作技巧。

你如果將來要賣的是「小說寫作技巧教學書」，那麼你以寫作技巧的文章吸引人氣是對的，這些被吸引來的粉絲會買單，但如果你將來要賣的是自己的小說，你覺得這些粉絲會買單嗎？

粉絲應該會想：我是為了小說技巧教學才來的，你給我看你的小說幹什麼？這不是我來的目的呀，而且你寫的小說並不一定合我的胃口！

的確真的會有粉絲因為你的教學文章而變成你的小說粉絲，但那種「轉換率」不高，除非你能衝出非常高的粉絲數量，並且成為小說寫作技巧教學這個領域的「專家」，那麼真的會吸引更多粉絲慕名買小說，因為「名氣」還真的挺有用的，但小說賣量應該不會比你出「小說寫作技巧教學書」來得高。

如果你發現，你發布小說技巧教學相關文章時，點擊次數很高，但只要你發布自己的小說，點擊次數馬上掉了非常多，差距

非常大，你就能清楚的感覺出來，你吸引來的粉絲真正對你的小說有興趣的，實在不多，你因此而花的宣傳推廣心力，可能很多都是白費的，倒不如還是踏踏實實的用你自己的小說吸引粉絲加入，至少這些加入的粉絲是真正喜歡你小說的人。

而這也是一些專寫二次創作同人誌的作者，日後想轉型為原創作者時遇到的最大難題之一，他們一開始吸引來的粉絲群就是專為二次創作題材而來的，作者改寫原創後，既有的粉絲接受度不高，勢必得重新經營一番。

但至少你用這類方式吸引來的粉絲都還是「活的」，還有機會把這些活粉絲轉變成真的會買你的小說的粉絲，就怕一個粉絲專頁內的龐大粉絲數量，絕大多數都是──僵屍粉。

你的粉絲根本就是「僵屍粉」？

你知道什麼叫「僵屍粉」嗎？僵屍粉的意思，就是假的粉絲，通常來你的粉絲專頁按個讚，成為你的粉絲數字之一之後，就不會再有其他動靜。

為什麼會有僵屍粉出現？這種僵屍粉其實都是用錢買來的！有些粉絲專頁為了迅速衝高按讚人數，讓「門面」比較好看，會

花錢去買僵屍粉，讓自己的粉絲專頁在短時間內粉絲數量爆衝。

這一類的僵屍粉，帳號國籍通常在國外，而網路上有人設計了一種程式，你只要把某個粉絲專頁的連結放上程式的網址欄，幾秒鐘之後，程式就會自動跑出這個粉絲專頁的粉絲國家來源比例及人數，真相頓時現形。

我曾經非常困惑，臺灣人口也就兩千多萬而已，為什麼有些公司的粉絲專頁人數可以衝到近千萬，接近全臺灣一半的人口都按了讚？這只要簡單想想，就知道是不太可能的事。

當我知道網路上有這種程式之後，馬上做實驗，把這一個近千萬讚的粉絲專頁網址放上去一查，你知道臺灣的粉絲總共有多少人嗎？只有三十萬！

在科技時代，數據要造假不難，花錢買網站或文章點擊數的事情早就不是新鮮事，但只要有人會造假，就有人會設計出破解造假的方法，終究會被人看破手腳。而當你買假粉絲的事情被人發現後，別人對你的人氣就不再信任，這對你名聲的長久經營，其實會有負面影響。

而且你如果一開始為了衝人氣而買假粉絲，雖然一開始的門面很漂亮，也可能較容易吸引其他不知內情的網友按讚，以為你真的很有人氣，但最後這些假粉絲會變成你的「業障」，想甩都

甩不掉，你會後悔曾經這麼做也不一定。

◎粉絲的購買力，「類別」是個指標◎

有個未經證實的江湖傳說，出版社在評估一位網紅出書後可能會有多少基本賣量時，會去看他的粉絲專頁人數，然後乘以百分之十，以這個數字來評估幫他出書會不會賺錢。

所以如果粉絲專頁人數有一萬人，乘以百分之十就有一千人，於是出版社就評估，幫這位網紅出書應該至少會有一千本左右的基本賣量。

百分之十？其實有可能更高，但也有可能是，百分之十根本就是高估了！

不談網紅市場，我們來講回小說的市場，也不講粉絲購買力是粉專人數百分之十這種不太可靠的預測法，其實有一種指標可以讓你基本知道，你寫的小說到底會比較好賣還是比較不好賣。

那個指標就是——你寫的小說類別。

小說好不好賣，和「習慣」很有關

哪些類別是偏向不好賣的？傳統言情小說、各種較大眾的網文小說。為什麼？這和讀者閱讀習慣與付費習慣有關。

過去的臺灣言情小說，養出了一大批讀者，只在租書店租來看，真正會買書回家收藏的偏少數，因此這個區塊的作者出小說，除非進租書店通路，要不然直接賣給讀者不容易，而且現在就連租書店通路也跟著沒落了，所以要賣書真的不好賣，除非是那些一二線有龐大死忠粉絲群的作者。

而各種較大眾的網文小說，同樣的道理，這一個區塊的讀者很習慣在網路上看大量的免費小說，所以你要他付錢買實體小說，通常難度比較高，比較不容易。

但難度較高，不是沒有機會，只是可能會比其他類型的小說還要賣得比較辛苦一些，並不是真的沒市場。

那麼到底哪些類別是偏向好賣的？ BL 小說、情色小說、恐怖小說、輕小說。為什麼？因為這幾個區塊的讀者，以前很少有機會在租書店租到這一類型的書，所以從一開始他們就被教育出想看就必須購買的習慣，因此他們的購買力通常會比大眾網文類的讀者要高。

　　粉絲的購買意願是可以養成的，只是需要時間調整，並且重新向讀者灌輸相關的付費閱讀理念，雖然這不是一天兩天就可以辦到的，但只要努力去推廣，總會慢慢有所改變。

　　所以如果你本身愛寫的小說，就是那些偏向好賣的類別，那麼你可能可以較輕鬆一些。但如果你愛寫的小說就是那一類比較不好賣的，那該怎麼辦？你必須寫出你自己獨有的特色，與其他人做出區隔，這樣才容易脫穎而出，才容易吸引到更多的死忠粉絲支持你。

　　如果你寫的小說類型，不在我提到的上述那幾大類，你就自己想想，你這個類型的小說讀者有什麼樣的閱讀習慣或購買習慣，你大概就能判斷到底是屬於好賣還是不好賣的類型了。

　　就算是不好賣的類型，其中還是有大手每次出書銷量可以近千本，總是會有特例存在，所以寫什麼類型的小說其實不是最重要的重點，真正最重要的是，你要對你寫的小說類型有絕對的熱情，才會有源源不絕的動力一直走下去，就算遇到困難與挫折也不會輕易放棄。

　　所以不管你最後選擇哪一個類型的小說做為經營目標，請記住，要有熱情要有愛，只要有絕對的愛與熱情，就會讓你闖出屬於自己的天空，誰都無法取代！

請讓你的小說變得有「額外價值」

　　如果你要問，我的小說已經在網路上全文公開過了，但我想出版成實體書，怎麼樣才能增加買氣？這就要讓你的小說變得有「額外價值」，好與你已經公開在網路上的免費小說有所區別。

　　怎樣增加小說的額外價值？其中之一就是「修稿」，修一個「出書版」出來。這裡的修稿，不是只有挑錯字這麼簡單，是要你把小說從頭到尾修整一遍，從錯字、文句、段落，甚至是增加細部劇情，所有可以修得更好的地方全都修整一遍，這樣子才真的叫修稿。

　　如果可以的話，你還能「改版」，改版的意思，是把小說整體架構做較大幅度的調整，把小說的劇情改得更好、更精彩，提高小說整體的出書價值，也與網路公開版有更大的差別。

　　再來一個辦法，就是加寫「番外篇」，讓番外篇只出現在實體書內，只有買實體書的讀者才看得到，這樣就會增加粉絲的購買欲望。

　　這也是一般出版社要出網路小說以前，會請網路小說作者修稿的原因，甚至會直接要求網路小說作者多寫幾篇新的番外篇好收錄在實體書內，就是要讓出書版與網路公開版有所區隔，也能

149

增加小說劇情的精彩度，讓小說的內文水準變得更好、更有價值。

◎臉書粉絲專頁宣傳方式◎

臉書已經是現在人們最常使用的社交媒體工具，我們很多的資訊來源都是從臉書的粉絲專頁與朋友轉貼的文章中得來，所以第一個要介紹的當然是與臉書管道相關的宣傳方式。

在自己的粉絲專頁宣傳

你的新書好不容易出版了，當然要先在自己的粉絲專頁中宣傳！在臉書上，粉絲在你的文章上按讚、留言或是轉發，都可以增加粉絲的朋友群看到你的文章的機率，這是最方便最好用的一種管道。

我試過好幾次，書籍久久沒有在自己的粉絲專頁上宣傳，就一點賣量都沒有，但只要過一段時間適時的重新宣傳一下，或辦一些活動，就會有新的賣量跑出來，也因此多賣出不少書。

但是你宣傳賣書的頻率不能太高太密集，免得粉絲們被同樣的賣書文疲勞轟炸，這樣反而不好，所以拿捏適當的間隔時間是

很重要的,而宣傳賣書的文章也得適時更換,不要每次都一樣,這樣會比較好。

然而有些作者為了增加賣書文章的散播率,會辦個小活動,只要參加活動的粉絲就有機會抽到贈品。這個地方要注意的是,請盡量不要拿自己的書當贈品,原因很簡單,你希望粉絲轉發文章,就是希望能刺激書籍的賣量,但你辦活動的贈品卻又是免費贈書,這很容易讓大家想,那我先看看能不能抽到免費的贈書好了,如果沒抽到,之後再考慮要不要買。

但你一錯過讓讀者第一時間買書的黃金時機,他們後來再回過頭來買的機會已經不大了。另外你如果經常這麼做,就會在你自己的讀者群中養成一種心態,他們會想你常常辦贈書活動,那就等著你辦活動時再來看能不能抽到免費的贈書,更不會付錢買你的書了。

因為你已經「教育」了你自己的讀者,你的小說可以「免費」得到,就像很多買書者已經被網路書店新書直接打七九折賣的行銷手法養習慣了,沒有七九折他們就不買,原因是一樣的。

所以拿其他東西當贈品都好,就是不要拿自己的書當贈品!

第十一章

在其他相關類型的粉絲專頁宣傳

　　除了自己的粉絲專頁以外，你也可以在臉書上搜尋其他相關的粉絲專頁，像你的小說類型如果是輕小說，就可以搜尋與輕小說相關的粉絲專頁，發訊息去問專頁的管理者，看他們願不願意幫你宣傳。

　　有些專頁管理者會挺爽快的答應幫忙宣傳，有些可能會有交換條件，像是你也要在自己的粉絲專頁宣傳他們的專頁，當然也有可能遇到拒絕或是沒有回應的，這些都很正常，不需要太過介意，你只要以平常心看待就好。

　　有多一個相關的粉絲專頁曝光宣傳，就是多賺到不少免費曝光機會，但你也要看看對方粉絲專頁的粉絲數有多少，當然是越多越好，如果少到你覺得不宣傳也沒差，那就直接放掉也沒關係。

在其他相關類型的臉書社團宣傳

　　除了粉絲專頁外，臉書還有相關社團可以搜尋，這種社團性質，是只要進入社團內就可以自己在社團裡發表文章，不像粉絲專頁只有管理人可以發表文章。

所以你也可以加入相關社團，發文宣傳你的書，但在發文之前，請先記得看看每個社團的版規，有些社團禁止廣告文，有些社團允許作者幫自己的小說打廣告，記住不要觸犯到版規就好。

在這一類的社團發文，也是要注意自己的發文頻率，不要多到讓其他人反感，這樣就好了。

在合作發表平臺的粉絲專頁宣傳

還有一種粉絲專頁你可以利用的，就是與「小說發表平臺」有關的粉絲專頁，這一類的粉絲專頁粉絲數很高，如果可以得到宣傳機會，會有不錯的曝光效果。

像「POPO」因為他們也有經營一個自費出書平臺，讓作者透過他們的平臺出個人誌，如果透過他們的平臺自費出書的作者，POPO 的粉絲專頁就會在作者販售新書的時候幫忙宣傳推廣，可以讓你多賣出一部分的書。

而像「鏡文學」他們也會幫自己網站內的作者宣傳新書出版，就算作者不是透過他們自己旗下的出版體系出書也會宣傳，不過鏡文學幫忙宣傳的對象限定在與他們的平臺有簽約的作者群，沒有簽約的作者就無法利用這一個管道曝光了。

◎「名人效應」宣傳方式◎

　　名人之所以是名人，就表示他們的粉絲群較大，而且他們說話較有分量，讀者群很容易聽進去，因此「名人效應」的確很有效果，也難怪出版社出書都愛找名人推薦，就盼望名人的影響力可以幫助他們多賣一些書。

名人、意見領袖推薦

　　如果你認識一些小說相關的名人、意見領袖，或根本就是這些人的學生，那麼你應該要好好利用這個管道，詢問名人能不能幫你的小說寫推薦文，就算不寫推薦文，請名人在你出書的時候幫忙轉發出版消息，也會是對你很有利的一件事。

　　如果你不認識任何相關的名人，但你夠有勇氣的話，也可以發訊息問他們可不可以幫你宣傳推廣。而我之所以會特別提出要有勇氣這件事，是因為你有可能會被拒絕，如果心臟不夠強的人，被拒絕了有可能會很受打擊、非常難過。

　　你絕對不需要在意被拒絕的事，因為被拒絕是正常的，但如果遇到一位名人願意幫你宣傳推廣的話，你就賺到了，不是嗎？

相關作者推薦

　　大部分的作者們都會認識其他同樣寫小說的作者，不管同類型或不同類型，都可以請作者朋友們在你出書的時候幫你轉發出版訊息，這也是一個很不錯的方法，大家互相幫助，彼此增加曝光度，會比一個人單打獨鬥要有力量多了。

◎網路其他宣傳方式◎

　　除了前述的方式以外，其實網路上還有很多其他的曝光管道，就看你想不想得到，以及有沒有心力去做而已。

PTT 實業坊

　　PTT 一直是青年學子很常聚集的一個 BBS 網路平臺，裡頭有各種主題的討論版，當然也有小說相關區塊。有不少寫恐怖小說、BL 小說的作者都是從這裡發跡的，他們都是在 PTT 的相關版內先連載，引起讀者熱烈討論，之後得到出版社的出版機會，或乾脆自己出實體書。

第十一章

　　所以 PTT 也是一個可以宣傳的地方，只不過裡頭的使用者
比較容易留言不留情面，好惡分明，作者要來這裡做宣傳推廣，
心臟也必須大顆一點，免得扛不住被批評的相關壓力。

網路各大相關論壇

　　而網路上還有許多大大小小的相關小說論壇，那些都是可以
開發宣傳的地方，但你要先注意論壇的人數多寡，以及允不允許
作者自己去打小說廣告，再決定要不要去推廣。

　　網路的範圍太大了，不可能所有的地方都推廣得到，而自己
的時間與精力也很有限，所以你需要做取捨，選擇人數聚集較多
的地方做宣傳推廣才會比較省事，也比較容易會有成效出來。

小說書評部落客

　　你只要在網路上搜尋，就會搜尋到很多以小說書評為主的部
落格，你也可以主動邀請這些部落客閱讀你的小說，然後寫書評
發表在他們的部落格與臉書粉絲專頁裡。

　　如果部落客的書評網站每日訪客流量不少，那麼會是一個不

錯的曝光地方，但我必須提醒你一件事，找部落客寫書評是把「雙面刃」，對你的影響是好是壞，你無法控制。

為什麼？因為小說心得及評論是非常個人性的一種感受，與一個人的閱讀口味喜好很有關係，並沒有絕對客觀的標準存在，只有非常主觀的喜歡或不喜歡，只有合自己胃口或不合自己胃口，並沒有絕對的好或不好。

像偏愛 BL 小說的部落客，你如果拿言情小說讓他讀，或許他根本讀不下去，寫出來的書評當然也不會好到哪裡去，但或許那部言情小說在喜愛這類文體的讀者當中，可以稱得上是佳作。

就算你把言情小說拿去給偏愛言情小說的書評部落客看，也會因為風格問題或劇情問題導致那位部落客喜歡或不喜歡這個故事，他如果喜歡，那很好，就沒有什麼問題了，但他如果不喜歡，那就有點不太妙了。

一本小說給一百個讀者看，就會出現一百種不一樣的書評，好壞不定，所以用這一個方法，你一定要有心理準備，你一定會得到正反兩面不一樣的評價，很難一面倒的全部好評。

如果有作者無法接受自己的作品被批評，也承受不了面對書評的壓力，為了你自己和部落客好，就請不要用這一個方法吧。

第十一章

YouTuber 網紅

還有一個可以試著開發宣傳的區塊，就是目前非常火紅的
YouTuber 了，這一類用影片傳達各種訊息的網紅，目前來說除
了生活資訊類、搞笑類，就是教學類與知識傳遞類比較熱門。

或許你可以找找看，有沒有專門介紹娛樂小說的 YouTuber
或網紅，如果能和他們合作推廣自己的小說，也是一種不錯的創
新方式，只是可能需要付費，那就看你覺得值不值得了。

◎宣傳方式也有分「主動」與「被動」◎

你覺得你只要把自己出版新書的訊息放上網路、放上網路書
店，這就算是宣傳了嗎？網路與網路書店就會幫你一直宣傳給不
認識你的潛在讀者嗎？

如果你真的這麼想，那問題會很大，因為網路的環境就跟現
實的環境一樣，你如果在自己的部落格上公開出書訊息，卻沒有
做其他動作，就和你在一處非常偏僻的角落開了一家實體店面，
卻沒有任何宣傳一樣，不會有人知道這裡有一家店，除了不小心
路過的路人。

所以宣傳是很重要的，但宣傳也分主動宣傳與被動式的「被發現」。

像你把你自己的出書資訊放在部落格上，沒有做其他動作，這就是屬於被動式的「被發現」，因為你必須被動的等著讀者自己來到你的部落格看文章，才有可能發現你的新書資訊，而且這種等待方式，你根本無法掌控，你的讀者到底什麼時候才會出現。

那麼你把你的新書放上網路書店販賣，你覺得這就是主動式宣傳嗎？你要想想，雖然網路書店的讀者很多，但這些潛在讀者真的能夠發現你嗎？他們要是發現了你，原因又是什麼？

其中一種原因，是經由網路書店主動發布廣告給讀者，讀者因而看到你的新書出版資訊。

另一種原因，是讀者想買書，在網路書店搜尋某些關鍵字，因而連帶發現了你的新書資訊。

網路書店主動發布廣告給讀者，這就是屬於主動式宣傳，如果是讀者自己在網路書店搜尋關鍵字，這就是屬於被動式的被發現，這兩種效果差很大。所以就算你的新書可以上網路書店賣，如果你只能等著「被發現」，那麼你的銷量也不會太好。

網路書店就像一個大型的實體書店，差別只在一個是實體店，一個是虛擬店。讀者進到一座滿滿都是書的店內，如果不知

道有你的書存在，想偶然發現你的書塞在某個角落的機會，簡直微乎其微。

　　這也是為什麼，不管在網路書店或實體書店，書籍的曝光度都很重要，只不過網路書店和實體書店的曝光方式不一樣而已。

　　所以主動的宣傳推廣很重要，傳播的速度也較快。像你在臉書專頁上公布新書資訊，臉書系統主動將訊息送到粉絲的面前，這就是一種主動的宣傳方式。你到其他網路上的相關論壇發布新書資訊，主動把資訊送到可能會對你小說有興趣的潛在讀者面前，這就是主動式。

　　在懂得這種思維方式後，你就可以自行判斷，哪一類的宣傳速度會比較快，哪一類則比較慢，兩者都會有效果，只不過效果發生的速度差很多。

　　就像如果你要開新書預購，預購是有時間性的，就不能慢慢的等著自己的預購活動「被發現」，而是得在預購時間內盡可能的「主動出擊」，到各個可以宣傳推廣的地方發布訊息，才能衝出漂亮的預購成績。

◎請選擇適合自己的方式◎

前文介紹了那麼多可以不必花錢、可以只靠自己，就能達到宣傳推廣的方式，但不是要你每種方式全部都做，那還真的挺累人的，也會花掉你不少的心力及時間。

所以請你選擇適合自己的方式，挑可以有比較大成效的重點方式去做就好，這樣會比較省心力，而且效果也不會太差。

但你如果真的時間很多，很想每一種方式都去試一試，不怕耗費心力及麻煩，那當然可以，多做一點，的確也會多一點機會。

如果你是那種沒辦法花太多心力在宣傳推廣上的人，可能會想問，有沒有其他的方式可以取代？當然有，那種方式就是——付費推廣。

這是一種「交換」，你不想花時間與心力去得到免費的推廣，那麼你就得花錢去得到付費的推廣，也就是拿金錢去換時間及勞力的概念。

但這麼做不一定不好哦！只是因為付費推廣風險大，所以很少人敢去嘗試，但也因為它風險大，反而快速翻身的機會也大。

然而付費推廣，又是另一個更深的領域，已經超出這本書要探討的範圍了。

第十二章：最後的些許小叮嚀

◎當小說作者其實很幸運，因為可以自己來◎

可以「自己來」，其實是我們活在這個時代，最珍貴的禮物之一，因為這讓我們可以擁有完全的自主權，活出最真實的自己。

像過去的我，雖然寫小說是我的興趣，但為了迎合出版社的收稿喜好，我必須改變自己的風格或寫作題材，好去迎合出版社，才有可能得到出書的機會。

一剛開始在出版社過了稿，我覺得人生充滿希望，可以靠著自己最愛的興趣賺錢，但十多年過後，我才明白自己失去了什麼。

我失去了「自我」，我將自我拿去換了錢，雖然可以順利過生活，卻逐漸失去了靈魂及熱情，到最後在寫作上越來越不開心，自我被壓抑到一個極點後，終於開始反彈，不得不離開舊有環境，重新摸索新的路，並且試圖重新找回自我。

然而我也花了好多年的時間，才慢慢找回自我，才真正認識原本的自己到底是個什麼樣的人。

離開舊有的環境後，我很慶幸自己是個小說作者，而不是其他文創相關產業的作者，因為在現在的新環境下，小說作者想要

成就自己的事業完全可以自己來，可以擁有最完整的自主權，而且難度最小，其他領域的創作者或許還不行呢。

像編劇領域，同樣都在「寫故事」，編劇卻無法一個人完成所有創作，且受到的創作束縛非常大，他必須跟攝影團隊合作、和演員合作、和影視公司合作，並且在創作劇本的過程中經歷無數的妥協，配合影視公司的意見拚命修改劇情到他們想要的樣子，而不是自己想要的樣子，之後才能把故事化為影像呈現在大家面前，這中間經歷的困難與挑戰，比單純寫小說要高了無數倍。

而我們也比詩人要幸福多了，因為寫詩是個更小眾的領域，會買詩集的讀者遠遠比小說讀者要少太多了，這樣想想，我們可以開發的讀者市場還不小，不是嗎？

然而沒有一個人是萬能的，所以依自己的能力所及，適時的「外包」工作也很重要，像小說封面就是絕大多數的小說作者必須外包的項目之一，給專業的來，不但能快速給你一個美麗有水準的封面，也可以節省你很多時間與心力。

◎每個人成功的方式都不會一樣◎

每個人在成長的歷程中，因為個性、家庭、身處環境，以及

所經歷過的種種事情，都會孕育出一個獨一無二的人，所以每個人學習到的技能、所擁有的特質都不會一樣，當然可以利用的優勢之處也會不一樣。

因此每一個人成功的方式都不會一樣，你看到某一位作者用什麼方式成功，你想刻意去模仿，很多時候並不會成功，因為你並不具備讓那位作者用那種方式成功的特質與優勢，所以你也很難複製他的成功路徑。

因此只有你自己試著去尋找那條只屬於自己的成功之路，發揮出自己的優勢，最後你才會得到答案，到底什麼才是真正適合你的方式。

不管你最後是選擇傳統的投稿方式，還是個人出版方式，還是跑去大陸的網文小說平臺努力碼字賺訂閱費，這都沒有對或錯，只有適不適合自己而已，有些人就是能靠著和出版社合作賺錢，但有些人就是與出版社的出版方針不合，個人出版對他來說反而最合適，而有些人就是能在網文平臺過的如魚得水。總而言之，你必須真的行動，真的去實際接觸過後，才會明白到底哪種方式最適合自己，別人的建議都只是參考，因為適合別人的方式，不一定就適合你。

雖然每個人成功的方式都不會一樣，但是失敗的原因卻都大

同小異，差不了多少，所以先參考別人的經驗，提早避開別人已經犯過的錯，是大大縮短你摸索時間的方式，而你成功的機會也會跟著變大。

你如果在這條摸索之路上遇到了阻礙，其實這些阻礙是在暗示你，你必須做出調整改變，這些阻礙是為了促使你在經過不斷的調整改變中，從本來走偏的方向，逐漸修正並且靠近那條屬於自己的成功之路。

◎每個人成功的時間也不同◎

每個人的生命歷程都不一樣，各種階段的先後順序安排也不一樣。像有人很年輕就進入家庭，結婚生子，等小孩大了之後才重新出社會創造自己的事業。也有人一畢業就衝工作，先建立起自己的事業，等到事業有成以後才結婚生子，才養兒育女。

就因為歷程的安排不同，所以每個人成功的時間也不同，如果你看到和你同樣都走在小說創作之路的其他作者比你早成功，你可以替他開心，但絕對不需要氣餒，或許只是你和他成功的時間不一樣，他先成功了，再過一段日子，就換你也成功了。

也可能那一位提早成功的作者早在這之前已經熬了許多許多

年，甚至比你踏入小說創作這條路的時間更久，那他比你提早成功也算是理所當然，不是嗎？

　　而一位作者的小說會大賣，那真的需要天時地利人和兼備，我們往往只看到一位作者突然紅了，卻看不到他在瞬間爆紅之前，其實已經經歷過一段很長的打底期、磨練期、能量累積期，當他的能量終於累積到頂點，瞬間爆發出來，也就是他從默默無聞轉變成大家都發現他的時候了。

　　而每個人在成功之前，會經歷到的事情都不一樣，帶給你的啟發也會很不一樣，這些經歷到最後都會變成只屬於你的、最珍貴的養分，會讓你珍惜不已。

　　雖然小說大賣需要機運，但小賣、中賣的話我們可以自己想辦法達到，就看我們有沒有那個心去用各種我們能想到的方式辦到而已，難度真的比瞬間大賣要低太多了。

◎一切都有無限可能◎

　　因為現在的時代環境變化太快，科技技術也在飛快轉變中，所以我們能運用的工具在將來很可能會有所變動，但就算舊的方式無效了，也會有新的方式出現，絕對不會完全沒有活路。

可以運用的工具會變，但促使一個人導向成功的心態與觀念是不會變的，所以只要你的心態正確、觀點正確，你自然會發現新的可行的成功方式，而這些方式是心態負面、觀點負面的人所察覺不到的。

除此之外，你千萬不要為自己設限，覺得自己只能做到什麼程度，每個人都有無限的可能，只看你能把自己的無限可能開發到多少的程度。

但在成功之前，你一定會經歷一段摸索碰撞期，在這段期間，你最好有其他的謀生管道，能讓你在生活上暫時不會有後顧之憂，這樣你的壓力才不會太大。

然而說了這麼多，我覺得還有一個最重要的前題是——先把你的小說寫好，先練好你的小說創作基本功，這樣你才能擁有一部優秀的作品可以賣，不是嗎？

還記得我在本書第一章曾說過的概念嗎？這世上沒有「不可能」，只有「想不到」！

既然有人辦到了屬於他們的「想不到」，讓其他人驚訝佩服，那你為什麼不可能？你當然也有可能！

後記：就算只有一點小改變， 也會促成大改變

　　這些年的經歷給我的體會是，很多事情必須等待時機到來，才可以開始行動，時機不到，你再如何想開始行動，都行動不了。

　　當我終於覺得時間已經到了，可以開始寫這本書時，我是立刻動手擬目錄架構，而久違的熱血沸騰感也跟著重新復甦，給了我許多動力及衝勁。

　　因為這些年已經有了足夠的實戰經驗及心得體會，我內心早已蘊釀出滿滿可以寫下來的東西，因此不需要多加思考，想寫的條目洋洋灑灑列了將近四頁之多，連我自己看了都驚訝，原來這些年我已經累積了這麼多可以寫的東西。

　　也因為已經蘊釀得很久、很飽滿了，所以在寫內文時我並不需要思考太久，就可以洋洋灑灑的一直寫下去，因此初稿只花了約兩個星期就完成。在寫到最後一章時，我才驚覺原來我的個人出版之路，就是我重新找回自我之路，原來這條路對我來說不只有一個重要的意義在，如果我不寫這本書，這一個深刻的意義也不會從我內心深處浮現出來。

　　我在寫的過程中，常常會擔心懷疑，裡面的內容到底能不能

對其他人有所幫助？還是大家看到相關的細節原來這麼多時，看完後反而打了退堂鼓，被我嚇跑了？

　　但我後來想想，就算買這本書的人在看完以後，還是沒有踏上個人出版這條路，但只要書裡頭的某一些觀念、信念能夠影響到讀過這本書的人，其實就已經足夠了。

　　因為任何事情的改變，都會從「想法改變」開始，就算一開始只有一點小改變，等時間逐漸過去後，一開始的小改變會累積成大改變，到那個時候轉化的力量就會很驚人。

　　而且每個人都有自己的改變時間，催促不來，會改變的方向也不太一樣，無法控制，所以我還是先把我能寫的東西寫下來，其他的事情，就交由老天爺安排了。

　　因為我深信，而且我也親身經歷過無數次相關的經驗，因此有很深刻的體會，任何事情會在哪個時間點發生，那都是老天爺最好的安排，也是最適合我們的安排，早一天或晚一天都還都不行！

　　所以寫完這本書，我也心願已了，可以休息了嗎？不不不，我腦中又冒出好多新的開創想法，想去實驗到底可不可行，所以當你在看這本書時，或許我已經在檯面下又默默實驗起新的計畫，又從各種實驗中發現了新的方式可以擴展自己的市場，又有

後記

不少新的心得體會冒出來。

　　所以我先繼續往前走，幫自己與大家探路去，歡迎你隨後跟
上來，和我一起感受這一條路的無限可能！

還有問題嗎？

　　看完這本書之後，還有什麼事情是你想知道的，而我卻沒有提到的？還是你有什麼疑問，在這本書裡還找不到答案呢？

　　每個人會有的疑問都不一樣，所以我也很難用一本書就完全囊括所有大家可能想問的問題，如果你真的還想問問題，就來臉書的粉絲專頁上找我吧。

　　我為這本書特別設立了一個獨立的臉書粉絲專頁，叫做【你寫的小說能賺錢 網路講堂】，粉絲專頁內有放置提問單，你只要在提問單上留下想問的問題，我能回答的都會盡量回答，而我也會不時在這個專頁上發布與如何做個人出版相關的訊息，或是與大家分享這方面的心得感想。

　　【你寫的小說能賺錢 網路講堂】這個粉絲專頁就是專門放與這本書有關的延伸內容，而我的另一個粉絲專頁【簪花司命】就是放自己創作的小說與其他生活記事，兩個粉絲專頁的性質是分開的，所以如果你只對這本書的延伸內容有興趣，那就只要對【你寫的小說能賺錢 網路講堂】這個粉絲專頁按讚就好，但如果你對我寫的小說也有興趣，歡迎也來【簪花司命】的粉絲專頁按讚哦！

還有問題嗎？

　　這本書只是一個開始，因為還有不少相關的經驗及體會超出這本書想講的基本範圍，所以放不進來，但我會視情況繼續在網路上分享，期待在網路上繼續和大家交流！

隱神宮，一座隱藏神祇「太歲」的神祕宮殿。

鎮宮使，隱神宮主人，容顏不老，鎮宮百年。

十二歲神將，代代協助鎮宮使守護封印太歲的靈石，

從古到今，直至二十一世紀，不曾間斷……

六段現實與浪漫奇幻交織而成的故事，
譜成一首綺麗《神弦曲》，

一曲彈出眾人早已遺忘的萬物皆有靈世界，
並且重新詮釋幸福的真諦……

《神弦曲》 簪花司命作品集 002

「嫻音，我已經決定了，我要參加革命。」

那一年，她十七歲，正值荳蔻年華，

她滿心以為能為他生兒育女，與他幸福平淡的過日子，卻沒想到，

他一心只想要改變世局，雄心壯志，不將兒女情長放在眼裡，

痛心的她只能選擇放手，讓他投身革命，從此兩人天各一方……

五年後，他與她再次相遇，她已成為隱神宮的鎮宮使，

他終於意識到，當年的他只想著國家社稷，卻辜負了她的情意，

革命大業未了，他無以回報她的深情，只能真心向她許諾——

「如果有來世，我會選擇……守護妳……」

時至今日，已過百年，物換星移，已是文明二十一世紀，

一個神祕游靈入侵隱神宮，帶來前所未有的混亂，

她看著歲神將們因為游靈意外的牽引，一個個找到自己的幸福，

而身為鎮宮使的她，卻注定孤獨，一個人終老，

從來沒想過，其實「他」早已重新回到她身邊，以他的方式，

開始實現一百年前曾對她許下的諾言……

2014 年 03 月出版 各網路書店均有販售

作者商店街個人賣場 79 折特惠中！

看融正邪於一身的雙重人格太子，
與來歷成謎的聰慧女子，
踏上一段互相鬥智，卻也互相救贖的崎嶇重生路……

醫花司命作品集 003

《許妳天下聘》
第一部·藥兒姬

「妳就是我的藥，想要治好我，就留下來，別走。」

他是人人聞之喪膽的闇國太子，
行事詭譎，喜怒不定，冷屬無情。
她是隨著義兄四處行醫的普通女子，
總對病痛愁苦的百姓有著憐憫之情。
在老天爺的牽引下，他們因為一場陰謀而相遇，
別人說他喪心病狂，她卻看出他心傷嚴重，
沒想到這卻惹惱了他，他開始惡意挑釁她，
還抓她的義兄當人質，逼她來醫他的「心病」。
他的敵意太明顯，他根本就不相信她有能耐，
她只好以自身為「藥引」，先誘他的信任，
再誘他的心，然後……換她被他所誘……

2015 年 12 月出版　各網路書店均有販售
作者商店街個人賣場 79 折特惠中！

國家圖書館出版品預行編目資料

你寫的小說能賺錢：除了小說寫作技巧以外，你
現在更應該知道的是，如何靠小說賺錢的各種方
式！／簪花司命 著. —初版.-桃園市，展夢文
創，2019. 2
　　面；　公分. ——（創藝館；1）
ISBN 978-986-89266-3-9（平裝）
1. 出版業 2. 小說 3. 臺灣
487. 7933　　　　　　　　　107020626

創藝館（1）

你寫的小說能賺錢：

除了小說寫作技巧以外，你現在更應該知道的是，如何靠小說賺錢的各種方式！

作　　者　簪花司命
發 行 人　簪花司命
出　　版　展夢文創
　　　　　33499桃園郵局第2-207號信箱
　　　　　電郵：flower61313@yahoo.com.tw
經銷代理　白象文化事業有限公司
　　　　　412台中市大里區科技路1號8樓之2（台中軟體園區）
　　　　　出版專線：（04）2496-5995　　傳真：（04）2496-9901
　　　　　401台中市東區和平街228巷44號（經銷部）
　　　　　購書專線：（04）2220-8589　　傳真：（04）2220-8505
印　　刷　基盛印刷工場
初版一刷　2019 年 2 月
定　　價　299 元